“十三五”职业教育规划教材

数控铣削技能训练

主　编　张琳吝　王泽琪
副主编　刘恩芳　周　凯　芦萤萤
参　编　郭俊莉　陈雪云　田绍敏
　　　　许雯洁　相付阳　王振宝
　　　　曹传民　蒋洪强　潘　敏

机 械 工 业 出 版 社

本书系统地介绍了数控机床加工编程与机床操作的知识。全书共分四个项目：项目一介绍了数控机床安全操作与维护保养基本知识、数控铣床基本编程指令；项目二介绍了键槽类、轮廓类、组合类、带孔类数控铣床简单典型零件加工；项目三介绍了椭圆类、多孔类数控铣床复杂典型零件加工；项目四介绍了综合零件加工。

本书适用于数控技术类、机械制造类相关专业，可作为数控铣床编程与操作课程的教材，也可作为数控编程人员或数控铣床操作工人的参考书或自学教材。

为便于教学，本书配备了电子教案、电子课件和视频动画，选择本书作为教材的教师可登录 www.cmpedu.com 注册，免费下载。

图书在版编目（CIP）数据

数控铣削技能训练/张琳吝，王泽琪主编.—北京：机械工业出版社，2019.8

“十三五”职业教育规划教材

ISBN 978-7-111-63232-0

Ⅰ.①数… Ⅱ.①张… ②王… Ⅲ.①数控机床—铣削—职业教育—教材 Ⅳ.①TG547

中国版本图书馆 CIP 数据核字（2019）第 144364 号

机械工业出版社（北京市百万庄大街 22 号 邮政编码 100037）

策划编辑：齐志刚 责任编辑：齐志刚 章承林

责任校对：陈 越 张晓蓉 封面设计：张 静

责任印制：张 博

北京铭成印刷有限公司印刷

2019 年 9 月第 1 版第 1 次印刷

184mm×260mm · 9.25 印张 · 226 千字

0001—1900 册

标准书号：ISBN 978-7-111-63232-0

定价：25.00 元

电话服务	网络服务
客服电话：010-88361066	机 工 官 网：www.cmpbook.com
010-88379833	机 工 官 博：weibo.com/cmp1952
010-68326294	金 书 网：www.golden-book.com
封底无防伪标均为盗版	机工教育服务网：www.cmpedu.com

编 审 委 员 会

前 言

为了更好地服务山东省职业教育、深化教学改革，依据《山东省中职与五年制高职教材开发说明》（2016 年 6 月 29 日）的要求，保证高质量教材进课堂，全面提高教育教学质量，山东职业学院和机械工业出版社于 2016 年 9 月共同举办了山东省高等职业院校“机械制造与自动化专业”“数控技术专业”教材建设研讨会。在会上，来自山东省相关专业的骨干教师、企业专家研讨了新的职业教育形势下的专业课程体系和内容。本书即是根据山东省五年制高职教学指导方案和会议精神，结合专业培养目标以及现阶段的教学实际编写的。

本书结合编者多年的教学科研成果，以数控技术应用最早也是最普遍的数控铣床为对象进行编写，期望读者通过系统地学习数控铣床技术的基本理论和知识，了解数控铣床系统的基本构成，掌握数控铣床技术的基本概念、基本原理，熟悉其应用方法，并最终具有实际数控铣床系统使用、维护和编程设计与加工能力。

本书系统地介绍了数控机床加工编程与机床操作的知识。全书共分四个项目：项目一介绍了数控机床安全操作与维护保养基本知识、数控铣床基本编程指令；项目二介绍了键槽类、轮廓类、组合类、带孔类数控铣床简单典型零件加工；项目三介绍了椭圆类、多孔类数控铣床复杂典型零件加工；项目四介绍了综合零件加工。

本书内容全面、重点突出，在编写中兼顾了数控铣床编程与操作知识的完整性与实用性，着重于培养实际应用能力。本书有配套电子课件，包括视频、动画等。书中以典型 FANUC 系统及其数控铣床为主线，介绍编程与操作常用知识。本书在编写中始终贯彻以培养生产一线所需的数控铣床编程与操作技能型人才为目标，突出编程与操作实际应用能力的培养，力求通过典型实例，完整地体现相关知识技能的综合运用，力争具有较高的实际应用价值。

本书参考学时见下表。

本书由张琳各、王泽琪任主编，刘恩芳、周凯、芦萤萤任副主编，郭俊莉、陈雪云、田绍敏、许雯洁、相付阳、王振宝、曹传民、蒋洪强、潘敏参与编写。其中，张琳各、王泽琪负责项目二的任务一、任务二、任务三，刘恩芳、周凯负责项目一的任务三和项目二的任务四，郭俊莉、陈雪云负责项目一的任务一和任务二，田绍敏、许雯洁负责项目四，相付阳、王振宝负责项目三，芦萤萤、曹传民负责本书的全部绘图，蒋洪强、潘敏负责本书的教案及课件制作。全书由张琳各、王泽琪统稿。

由于编者水平有限，本书难免有不当之处，恳请读者和各位同仁提出宝贵意见。

编　者

参考学时表

项目一　认识数控铣床	**24**
任务一　安全操作数控铣床	6
任务二　数控铣床基础知识	6
任务三　数控铣床基本编程指令	12
项目二　数控铣床简单典型零件加工	**60**
任务一　加工键槽类零件	12
任务二　加工轮廓类零件	12
任务三　加工组合类零件	12
任务四　加工带孔类零件	24
项目三　数控铣床复杂典型零件加工	**42**
任务一　加工椭圆类零件——A 类宏程序	18
任务二　加工多孔类零件——B 类宏程序	24
项目四　综合加工练习	**24**
任务一　综合加工练习一	12
任务二　综合加工练习二	12
共计	**150**

目　录

项目一

认识数控铣床

任务一　安全操作数控铣床

【任务目标】

知识目标

1. 了解数控机床的安全操作规程及其保养方法。
2. 掌握数控机床安全操作的要求。
3. 掌握数控机床日常维护与保养常识。

技能目标

1. 能对数控机床进行正确维护与保养。
2. 能对数控机床进行正确操作。

【任务描述】

序号	具体任务内容	任务要求
1	数控机床安全操作规程	掌握数控机床安全操作的要求，能对数控机床进行正确操作
2	数控机床日常维护与保养	掌握数控机床日常维护与保养的方法

【知识储备】

（一）安全操作基本知识

1. 文明生产

文明生产是现代企业制度中一项十分重要的内容，而数控加工是一种先进的加工方法。与通用机床加工比较，数控机床自动化程度高，采用了高性能的主轴部件及传动系统，其床身刚度高、耐磨性好、热变形小，采用了高效传动部件（滚珠丝杠、静压导轨），并具有自动换刀装置。

2. 数控机床安全生产规程

1）数控机床的使用环境应避免光的直接照射和其他热辐射，应避免太潮湿或粉尘过多的场所，特别应避免有腐蚀性气体的场所。

2）为了避免电源不稳定给电子元件造成损坏，数控机床应采取专线供电或增设稳压装置。

3）一定要按照说明书的规定操作数控机床。

4）主轴起动开始、切削之前，一定要关好防护罩门，程序正常运行中严禁开启防护罩门。

5）当机床正常运行时，不允许开电气柜的门，禁止按下“急停”“复位”按钮。

6）机床发生事故时，操作者要注意保留现场，并向维修人员如实说明事故发生前后的情况，以利于分析问题，查找事故原因。

7）数控机床的使用一定要有专人负责，严禁其他人员随意动用数控设备。

8）要认真填写数控机床的工作日志，做好交接工作，消除事故隐患。

9）不得随意更改数控系统内由制造厂商设定的参数。

（二）数控机床的日常维护和操作规程

1. 数控铣床的日常维护

为了使数控铣床保持良好的状态，除了发生故障应及时修理外，坚持经常的维护保养是十分重要的。坚持定期检查，经常维护保养，可以把许多故障隐患消灭在故障发生之前，从而减少或防止故障的发生。对不同型号的数控铣床要求不一样，应根据设备要求进行日常保养。

1）每天做好导轨面的清洁工作，有自动系统的数控铣床要定期检查，清洗自动系统，检查油量，及时添加润滑油。

2）每天检查主轴自动系统是否正常工作。

3）注意检查电气柜中冷却装置是否正常工作，风道网有无堵塞。

4）注意检查冷却系统液面高度，及时添加油、水；当油、水脏时要及时更换。

5）注意检查导轨镶条的松紧程度，及时调节间隙。

6）注意检查数控铣床液压系统的油箱和液压泵有无异常噪声，工作油面高度是否合适，压力表指示是否正常，管路及各接头有无泄漏。

7）注意检查导轨、铣床防护罩是否齐全有效。

8）每天下班前做好数控铣床的清扫工作，清扫切屑，擦净导轨部件的切削液，防止导轨生锈。

9）数控铣床起动后，在数控铣床自动连续运转前，必须监视其运转状态。

10）确认切削液输出通畅，流量充足。

11）当主轴运转时，不得调整刀具和测量工件尺寸，手不得靠近旋转的工件。

12）只有停机时方可除去工件、刀具上的切屑。

13）加工完毕后关闭电源，清扫数控铣床并涂防锈油。

2. 数控铣床、加工中心的操作规程

为了正确、合理地使用数控铣床、加工中心，保证机床正常运转，必须制订比较完整的操作规程，通常应做到以下几点：

1）机床通电后，检查各开关、按钮和键是否正常、灵活，机床有无异常现象。

2）检查电压、气压、油压是否正常，有手动润滑的部位应先进行手动润滑。

3）各坐标轴手动回零（机床参考点），若某轴回零前已在零位，必须先使该轴离开零

点一段距离后，再进行手动回零。

4）进行工作台回转交换时，台面上、护罩上、导轨上不得有异物。

5）机床空运转应达 15min 以上，以使机床达到热平衡状态。

6）输入程序后，应认真核对，保证无误，包括对代码、指令、地址、数值、正负号、小数点及语法的核对。

7）按工艺规程安装并找正夹具。

8）正确测量和计算工件坐标，并对所得结果进行验证和验算。

9）将工件坐标系输入偏置页面，并对坐标、坐标值、正负号、小数点进行核对。

10）未装工件以前，空运行一次程序，看程序能否顺利执行，刀具长度选取和夹具安装是否合理，有无超程现象。

11）将刀具补偿值（刀长、半径）输入偏置界面后，要对刀具号、补偿值、正负号、小数点进行核对。

12）装夹工具，注意螺钉压板是否妨碍刀具运动，检查零件毛坯和尺寸有无超长现象。

13）检查各刀头安装方向及各刀具旋转方向是否符合程序要求。

14）查看刀具前后部位的形状和尺寸是否满足程序要求。

15）铣孔刀头尾部露出刀杆的直径部分，必须小于刀尖露出刀杆的直径部分。

16）检查每把刀柄在主轴孔中是否都能拉紧。

17）无论是首次加工的零件，还是周期性重复加工的零件，首先都必须对照图样、工艺、程序和刀具调整卡，进行逐段程序的试切。

18）单段试切时，快速倍率开关必须置于最低档。

19）每把刀首次使用时，必须先验证它的实际长度与所给补偿值是否相符。

20）在程序运行中，要观察数控系统上的坐标显示，了解目前刀具运动点在机床坐标系及工件坐标系中的位置，了解程序段的位移量，如还剩余多少位移量等。

21）在程序运行中，要观察数控系统中的工作寄存器和缓冲寄存器显示，查看正在执行的程序段各状态指令和下一个程序段的内容。

22）在程序运行中，要重点观察数控系统中的主程序和子程序，了解正在执行程序段的具体内容。

23）试切进给，在刀具运行至工件表面 30~50mm 处时，必须在进给保持下，验证 Z 轴剩余坐标值和 X、Y 轴坐标值与图样是否一致。

24）对一些有试刀要求的刀具，采用“渐近”的方法。例如，先铣一小段长度，检测合格后，再铣到整个长度。使用刀具半径补偿功能的刀具，数据可由小到大，边试切边调整。

25）试切和加工中，刃磨刀具或更换刀具后，一定要重新测量刀长并修改好补偿值和刀具号。

26）检索程序时应注意指针所指位置是否合理、准确，并观察刀具与机床运动方向坐标是否正确。

27）修改程序后，对修改部分一定要认真核对。

28）当进行手摇进给和手动连续进给操作时，必须检查各种开关的位置是否正确，弄清正负方向，认准按键，然后进行操作。

29）全批零件加工完成后，应核对刀具号、刀补值，使程序、偏置页面、调整卡及工艺中的刀具号、刀补值完全一致。

30）从刀库中卸下刀具，按调整卡或程序清理编号入库。

31）卸下夹具，应记录某些夹具的安装位置及方位，并做好记录、存档。

32）清扫机床并将各坐标轴停在中间位置。

（三）数控铣床、加工中心的日常维护保养

1. 维护保养的意义

数控机床使用寿命的长短和故障率的高低，不仅取决于机床的精度和性能，在很大程度上也取决于它的使用和维护。正确使用能防止设备非正常磨损，避免突发故障；精心地维护可使设备保持良好的技术状态，延缓劣化进程，及时发现和消除隐患于未然，从而保障安全运行。因此，机床的正确使用与精心维护是贯彻设备管理以防为主的重要环节。

2. 维护保养必备的基本知识

数控机床集机、电、液于一体，具有技术密集和知识密集的特点。因此，数控机床的维护人员不仅要有机械加工工艺、液压和气动方面的知识，也要具备电子计算机、自动控制和检测技术等方面的知识，这样才能全面了解和掌握数控机床，认真做好机床的维护保养工作。维护人员在维修前应详细阅读数控机床有关说明书，对数控机床进行详细的了解，包括机床工作原理、结构特点及电气连接等。

3. 日常维护和保养的目的

进行数控机床日常维护和保养的目的是延长器件的使用寿命和机械部件的更换周期，防止发生恶性事故，使机床始终保持良好的状态，并保持长时间的稳定工作。不同型号数控机床的日常保养内容和要求不完全相同，机床说明书中已有明确规定，但总体来说主要包括以下几个方面：

1）良好的润滑状态。定期检查、清洗自动润滑系统，添加或更换油脂，使导轨等运动部位始终保持良好的润滑状态，以降低机械的磨损速度。

2）机械精度的检查调整。减少各运动部件之间的几何误差，包括换刀系统、工作台交换系统、丝杠、反向间隙等的检查调整。

4. 数控系统的日常维护

数控系统使用一定时间之后，某些元器件或机械零部件总要损坏。进行数控系统日常维护的目的是延长元器件的寿命和零部件的磨损周期，防止各种故障，特别是恶性事故的发生，延长整台数控系统的使用寿命。具体的日常维护要求在数控系统的使用、维修说明书中一般都有明确的规定。总体来说，要注意以下几点：

1）制订数控系统日常维护的规章制度。根据各种部件的特点，确定各自的保养条例，如明文规定哪些部件需要天天清理，哪些部件要定时加油或定期更换等。

2）尽量少开启数控柜门和强电柜门。机加工车间空气中一般都含有油雾、飘浮的灰尘甚至金属粉末，一旦它们散落在数控装置内的印制电路板或电子器件上，容易引起元器件间的绝缘电阻下降，并可能导致元器件或印制电路板的损坏。因此，除非进行必要的调整和维修，否则不允许加工时敞开柜门。

3）定时清理数控装置的散热通风系统。应每天检查数控装置各冷却风扇工作是否正

常。视工作环境的状况，每半年或每季度检查一次风道过滤器是否有堵塞现象，若过滤网上灰尘积聚过多，应及时清理。

4）定期检查和更换直流电动机电刷。虽然在现代数控机床上有交流伺服电动机和交流主轴电动机取代直流伺服电动机和直流主轴电动机的倾向，但对于使用直流电动机的用户而言，电动机电刷的过度磨损将会影响电动机的性能，甚至造成电动机损坏，因此应对电动机电刷进行定期检查和更换。检查周期随机床的使用频率而定，一般为每半年或一年检查一次。

5）经常监视数控装置使用的电网电压。通常数控装置允许电网电压在额定值的±(10%～15%）的范围内波动，如果超出此范围，就会造成系统不能正常工作，甚至会引起数控系统内的电子元件损坏。因此，需要经常监视数控装置使用的电网电压。

6）存储器使用的电池需要定期更换。采用 CMOS RAM 器件的存储器，为了在数控系统不通电期间能保持存储的内容，设有可充电电池维持电路。当采用正常电源供电时，由+5V 电源经一个二极管向 CMOS RAM 供电，同时对可充电电池进行充电；当电源停电时，则改由电池供电维持 CMOS RAM 信息。在一般情况下，即使电池仍未失效，也应每年更换一次，以确保系统能正常工作。电池的更换应在 CNC 装置通电状态下进行。

7）数控系统长期不用时的维护。为提高系统的利用率和减少系统的故障率，数控机床长期闲置不用是不可取的。在数控系统处在长期闲置的情况下，需注意以下两点：

①要经常给系统通电，特别是在环境温度较高的梅雨季节更应如此。应在机床锁住不动的情况下，让系统空运行，利用电气元件本身的发热来驱散数控装置内的潮气，保证电子元件性能的稳定可靠。实践证明，在空气湿度较大的地区，经常通电是降低故障率的一个有效措施。

②如果数控机床的进给轴和主轴采用直流电动机来驱动，应将电刷从直流电动机中取出，以免由于化学腐蚀作用，使换向器表面腐蚀，造成换向性能变坏，导致整台电动机损坏。

8）备用印制电路板的维护。印制电路板长期不用是很容易出故障的，因此，已购置的备用印制电路板应定期装到数控装置上通电运行一段时间，以防损坏。

【任务实施】

任务分析

为了使数控机床保持良好的状态，能够正常运行，根据数控机床安全操作规程，要求学生应对数控机床进行正确操作，并对数控机床进行正确的日常维护与保养。

实施步骤

1. 回答问题

每两人一组，其中一人提问，另一人需正确回答出数控机床安全操作规程的内容，然后换人进行。

2. 实际操作

选择一台数控机床，每两人一组，一人按照“数控机床安全操作规程”的要求操作，另一人对照标准进行评分，然后换人进行。指导教师进行巡回检查，并提问。

任务二　数控铣床基础知识

【任务目标】

知识目标

1. 了解数控铣床的分类。
2. 掌握数控铣床的主要功能及加工对象。
3. 了解加工中心的分类及其基本结构。

技能目标

1. 分清哪类零件适合在数控铣床上加工。
2. 掌握数控铣床与加工中心的区别。

【任务描述】

序号	具体任务内容	任务要求
1	数控铣床的分类	了解数控铣床的分类及不同类型数控铣床的应用场合
2	数控铣床的主要功能及加工对象	掌握数控铣床的主要功能；分清哪类零件适合在数控铣床上加工
3	加工中心的分类	了解加工中心的分类及应用场合
4	加工中心的基本结构	掌握加工中心的结构布局及自动换刀装置的作用
5	加工中心的特点及加工对象	掌握加工中心的特点及加工对象

【知识储备】

（一）数控铣床的分类

数控铣床是机床设备中应用非常广泛的加工机床，可以进行平面铣削、平面型腔铣削、外形轮廓铣削和三维及三维以上复杂型面的铣削加工，还可以进行钻削、镗削、螺纹切削等孔加工。加工中心、柔性制造单元等都是在数控铣床的基础上产生和发展起来的。

数控铣床通常分为立式数控铣床、卧式数控铣床和复合式数控铣床三类。

1. 立式数控铣床

立式数控铣床又可分为以下三种：

（1）工作台升降式数控铣床　工作台升降式数控铣床如图1-1所示，适用于采用棒形、圆片、角度、成形和面铣刀进行平面、斜面、角度、沟槽和边缘的加工，在本机床上安装分度头等附件后，还能铣削齿轮、刀具、螺旋槽、凸轮和鼓轮等工件。这类数控铣床采用工作台移动、升降，而主轴不动的方

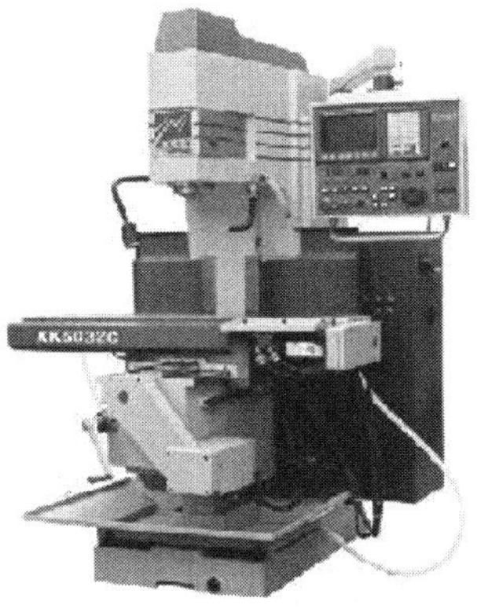

图 1-1　工作台升降式数控铣床

式。小型数控铣床一般采用此方式。

（2）主轴头升降式数控铣床　主轴头升降式数控铣床采用工作台纵向和横向移动，且主轴沿垂向溜板上下运动。主轴头升降式数控铣床在保持精度、承载质量、系统构成等方面具有很多优点，已成为数控铣床的主流。

（3）龙门式数控铣床　龙门式数控铣床如图 1-2 所示，其主轴可以在龙门架的横向与垂向溜板上运动，而龙门架则沿床身做纵向运动。大型数控铣床因要考虑扩大行程、缩小占地面积及刚性等技术上的问题，往往采用龙门架移动式结构。

2. 卧式数控铣床

卧式数控铣床的主轴平行于水平面，如图 1-3 所示。为扩大加工范围和扩充功能，它的工作台大多是回转式的，工件一次装夹后，通过回转工作台改变工位，可实现除安装面和顶面以外其余四个面的加工，特别适宜于箱体类零件的加工。

与立式数控铣床相比，卧式数控铣床的结构复杂，占地面积大，价格也较高，且试切时不易观察，生产时不易监视，装夹及测量不方便，加工深孔时切削液不易到位（若没有内冷却钻孔装置）；但加工时排屑容易，对加工有利。

3. 复合式数控铣床

复合式数控铣床如图 1-4 所示，其主轴方向可任意转换，能做到在一台机床上既可以进行立式加工，又可以进行卧式加工。由于它同时具备了上述两种机床的功能，因此其使用范围更广、功能更强。若采用数控回转工作台，复合式数控铣床还能对工件进行除定位面外的五面加工。

图 1-2　龙门式数控铣床

图 1-3　卧式数控铣床

图 1-4　复合式数控铣床

（二）数控铣床的主要功能及加工对象

1. 数控铣床的主要功能

各种类型数控铣床所配置的数控系统虽然各有不同，但各种数控系统的功能，除一些特殊功能不尽相同外，其主要功能基本相同。

（1）点位控制功能　可以实现对相互位置精度要求很高的孔系的加工。

（2）连续轮廓控制功能　可以实现直线、圆弧的插补功能及非圆曲线的加工。

（3）刀具半径补偿功能　可以根据零件图样的标注尺寸来编程，而不必考虑所用刀具的实际半径尺寸，从而减少编程时的复杂数值计算。

(4) 刀具长度补偿功能　可以自动补偿刀具的长短，以适应加工中对刀具长度尺寸调整的要求。

(5) 比例及镜像加工功能　可将编好的加工程序按指定比例改变坐标值来执行。镜像加工又称轴对称加工，如果一个零件的形状关于坐标轴对称，那么只要编出一个或两个象限的加工程序，其余象限的轮廓就可以通过镜像加工来实现。

(6) 旋转功能　可将编好的加工程序在加工平面内旋转任意角度来执行。

(7) 子程序调用功能　有些零件需要在不同的位置上重复加工同样的轮廓形状，将这一轮廓形状的加工程序作为子程序，在需要的位置上重复调用，就可以完成对该零件的加工。

(8) 宏程序功能　可用一个总指令代表实现某一功能的一系列指令，并能对变量进行运算，使程序更具灵活性和方便性。

2. 数控铣床的主要加工对象

铣削加工是机械加工中最常用的加工方法之一，它主要包括平面铣削和轮廓铣削，也可以对零件进行钻孔、扩孔、铰孔、镗孔、锪孔及螺纹加工等。数控铣床的主要加工对象如下：

(1) 平面类零件　平面类零件是指加工面平行或垂直于水平面，以及加工面与水平面的夹角为一定值的零件，这类加工面可展开为平面。图 1-5 所示的三个零件均为平面类零件。其中，曲线轮廓面 M 垂直于水平面，可采用圆柱立铣刀加工。对于斜面 P，当工件尺寸不大时，可用斜板垫平后加工；当工件尺寸很大，斜面坡度又较小时，也常用行切法加工，这时会在加工面上留下进刀时的刀锋残留痕迹，要用钳修方法加以清除。凸台侧面 N 与水平面成一定角度，这类加工面可以采用专用的角度成形铣刀来加工。

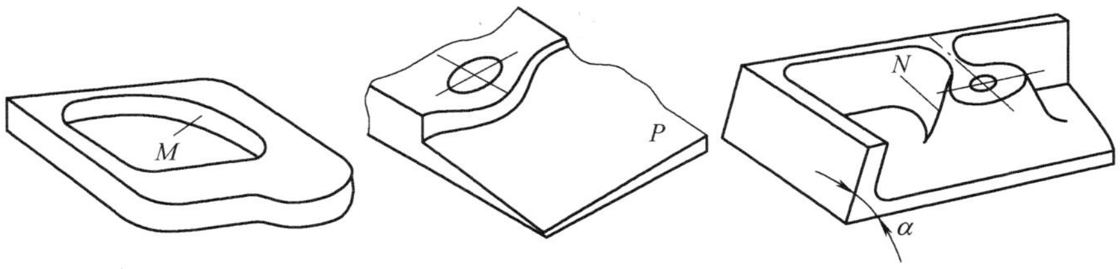

图 1-5　平面类零件

(2) 变斜角类零件　变斜角类零件是指加工面和水平面的夹角呈连续变化的零件。图 1-6 所示为变斜角梁缘条，其加工面就是一种变斜角类表面。变斜角类零件的加工面不能展开为平面，最好采用四坐标或五坐标数控铣床加工变斜角类零件，加工时，加工面与铣刀圆周接触的瞬间为一条直线。这类零件也可在三坐标数控铣床上采用行切法实现近似加工。

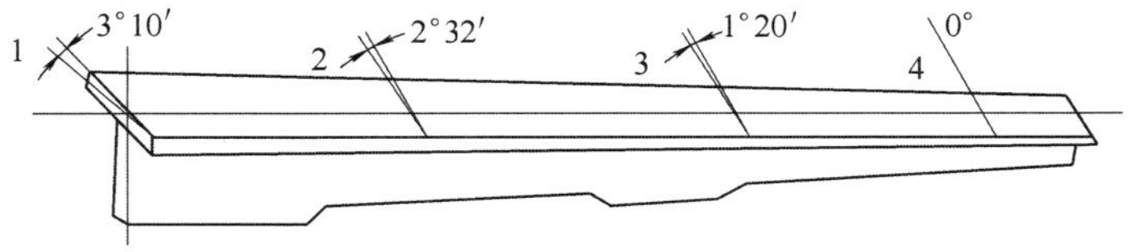

图 1-6　变斜角梁缘条

（3）曲面类零件　加工面为空间曲面的零件称为曲面类零件。这类零件的加工面不能展成平面，一般使用球头铣刀切削，加工面与铣刀始终为点接触，若采用其他刀具加工，易产生干涉而铣伤邻近表面。加工曲面类零件一般使用三坐标数控铣床。当曲面较复杂、通道较狭窄、会伤及相邻表面或需要刀具摆动时，要采用四坐标或五坐标数控铣床加工。

（4）复杂零件　复杂零件是指形状复杂、尺寸繁多、划线与检测均较困难，在普通铣床上加工时难以观察和控制的零件。

（5）高精度零件　高精度零件是指尺寸精度、几何精度和表面结构要求较高的零件。如发动机缸体上的多组高精度孔或成形面。

（6）一致性要求好的零件　在批量生产中，由于数控铣床本身的定位精度和重复定位精度都较高，能够避免在普通铣床加工中因人为因素而造成的多种误差，因此，数控铣床容易保证成批零件的一致性，使其加工精度得到提高，质量更加稳定。同时，因数控铣床加工的自动化程度高，还可大大减轻操作者的体力劳动强度，显著提高生产效率。

（三）加工中心的分类

加工中心是指配有刀库和自动换刀装置，在一次装夹工件后可实现多工序（甚至全部工序）加工的数控机床。数控系统能控制机床自动地更换刀具，连续地对工件各加工表面自动进行钻削、扩孔、铰孔、镗孔、攻螺纹、铣削等多种工序的加工，工序高度集中。可根据工件的结构与技术要求选择加工中心。加工中心的分类方法很多，本阶段主要从以下两个方面进行分类。

1. 按照加工中心的外观及功能分类

（1）立式加工中心　如图 1-7 所示，立式加工中心的主轴与工作台垂直，主要适用于加工板材类、壳体类工件，也可以用于模具加工。它的优点是工件装夹方便、操作方便、找正容易、便于观察切削情况、程序调试容易、占地面积小等，所以得到了广泛的应用。但它受立柱高度及自动换刀装置（ATC）的限制，不能加工太高的零件，也不适于加工箱体类零件。

（2）卧式加工中心　如图 1-8 所示，卧式加工中心的主轴轴线与工作台平面平行。卧式加工中心的工作台大多为可分度的回转台或由伺服电动机控制的数控回转台，在工件的一次装夹中通过旋转工作台可实现多加工面的加工。如果工作台是数控回转台，还可参与机床各坐标轴的联动，实现螺旋线加工。卧式加工中心适于加工箱体类零件及小型模具型腔，是加

图 1-7　立式加工中心

图 1-8　卧式加工中心

工中心中种类最多、规格最全、应用范围最广的一种。其缺点是占地面积大，结构复杂，调试程序及试切时不易观察，生产时不易监视，装夹及测量不方便，加工深孔时切削液不易到位（若没有内冷却钻孔装置）。卧式加工中心的加工准备时间比立式加工中心长，但加工件数越多，其多工位加工、主轴转速高、机床精度高等优势就越明显，因此适用于批量生产。

（3）复合加工中心　如图 1-9 所示，复合加工中心主要是指在一台加工中心上有立、卧两个主轴，或主轴可以改变 90°的转角，或工作台可带动工件一起旋转 90°的情况。这样可在一次装夹中完成除安装面外所有五个面的加工，适用于加工复杂箱体类零件和具有复杂曲线的零件（如螺旋桨叶片及各种复杂模具）。

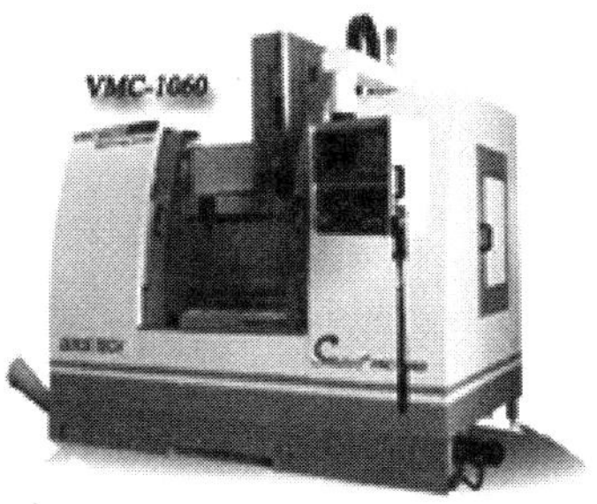

图 1-9　复合加工中心

2. 按加工范围分类

（1）车削中心　车削中心在数控车床的基础上增加附设主轴，可进行回转零件的车削、铣削、钻镗孔加工。

（2）镗铣加工中心　其主轴轴线一般为水平的，也称卧式加工中心。镗铣加工中心以镗、铣为主，适用于箱体、壳体以及各种复杂零件的特殊曲线轮廓的多工序加工。这种加工中心一般具有回转工作台，一次装夹可对箱体的四个表面进行加工。

（3）钻削加工中心　钻削加工中心以钻削为主，刀库形式以转塔头形式为主。它适用于中、小零件的钻孔、扩孔、铰孔、攻螺纹及连续轮廓铣削等多工序加工。

（四）加工中心的基本结构

1. 加工中心的结构布局

同类型的加工中心与数控铣床的结构布局相似，主要的区别是加工中心多了自动换刀装置，同类型加工中心的结构布局相似，主要在刀库的结构和位置上有区别。加工中心的结构可分为两大部分，一是主机部分，二是控制部分。

（1）主机部分

1）基础部件。基础部件由床身、立柱、滑座、工作台等部件组成，它们主要承受加工中心的静载荷以及在加工时产生的切削载荷，因此必须具有足够的强度。这些构件通常是由铸造或焊接而成的钢结构件，是加工中心上体积和质量最大的基础构件。

2）主轴部件。主轴部件由主轴箱、主轴电动机（主轴电动机将运动经主轴箱内的传动件传给主轴，实现旋转主运动）、主轴和主轴轴承等部件组成。主轴的起、停和变速等动作由数控系统控制，并通过装在主轴上的刀具参与切削运动，是切削加工的功率输出部件。

3）进给机构。进给机构由进给伺服电动机、机械传动装置和位移测量元件等组成，它驱动工作台等移动部件形成进给运动。

4）自动换刀装置（ATC）。ATC 由刀库、机械手和驱动机构等组成。刀库是存放加工过程所使用的全部刀具的装置。需换刀时，根据数控系统指令，由机械手将刀具从刀库取出装入主轴中。有的加工中心不用机械手而利用主轴箱或刀库的移动来实现换刀。在自动换刀装置中装入接触式传感器，还可实现对刀具和工件误差的测量。

5）辅助装置。它包括润滑、冷却、排屑、防护、液压、气动和检测系统等部分。这些装置虽然不直接参与切削运动，但对加工中心的加工效率、加工精度和可靠性起着保障作用，因此也是加工中心不可缺少的部分。

（2）控制部分　控制部分包括硬件部分和软件部分。硬件部分包括计算机数字控制装置、可编程序控制器（PLC）、输入输出设备、主轴驱动装置、显示装置。软件部分包括系统程序和控制程序。

有的加工中心为进一步缩短非切削时间，配有两个自动交换工件托盘，一个安装在工作台上进行加工，另一个则位于工作台外进行装卸工件。这样可减少辅助时间，提高加工工效。

2. 加工中心的自动换刀装置（ATC）

数控机床自动换刀装置的作用是交换主轴与刀库中的刀（工）具，加工中心的自动换刀装置属于带刀库式自动换刀装置。

带刀库式自动换刀装置由刀库、选刀机构、刀具交换机构及刀具在主轴上的自动装卸机构四部分组成。带刀库式自动换刀装置的主轴箱和转塔主轴头相比较，主轴部件有足够的刚度，因而能够满足各种精密加工的要求。

（1）对自动换刀装置的要求

1）刀库容量适当。

2）换刀时间短。

3）换刀空间小。

4）动作可靠、使用稳定。

5）刀具重复定位精度高。

6）刀具识别准确。

（2）刀库的功能和类型　刀库是用来存储加工刀具及辅助工具的地方，其容量、布局以及具体结构对数控机床的设计都有很大影响，是自动换刀装置最主要的部件之一。

1）刀库的类型。在加工中心上使用的刀库主要有两种，一种是圆盘式刀库，另一种是链式刀库。格子箱式刀库多用于柔性制造系统。

①圆盘式刀库。圆盘式刀库的结构紧凑、简单，但刀库容量相对较小，一般能容纳 1~24 把刀具，主要适用于小型加工中心，如图 1-10 所示。

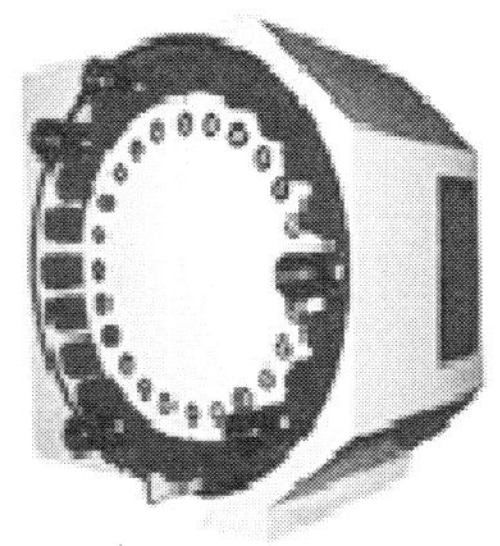

图 1-10　圆盘式刀库

②链式刀库。链式刀库是在环形链条上装有许多刀座，刀座的孔中装夹各种刀具，链条由链轮驱动。它的结构紧凑，刀库容量大，一般能容纳 1~100 把刀具，主要适用于大中型加工中心。链环可根据机床的布局制成各种形状，常用的有单环链式和多环链式等几种，分别如图 1-11 和图 1-12 所示。在一定范围内，需要增加刀具数量时，可增加链条的长度，而不增加链轮直径。当链条较长时，可以增加支承链轮的数目，使链条折叠回绕，提高空间利用率，进一步增加存刀量，如图 1-13 所示。

③格子箱式刀库。格子箱式刀库如图 1-14 所示，该类刀库容量较大，可使整箱刀库与机外交换。这种刀库的占地面积小，结构紧凑，在相同的空间内可容纳的刀具数量较多，但选刀和取刀动作复杂，已经很少用于单机加工中心，多用于 FMS（柔性制造系统）的集中供刀系统。

图 1-11　单环链式刀库

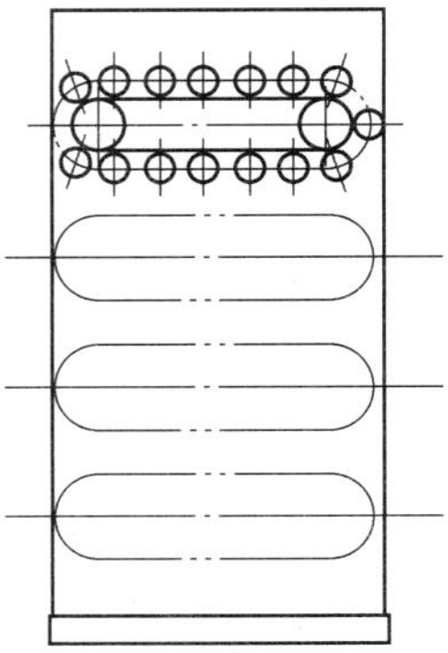

图 1-12　多环链式刀库

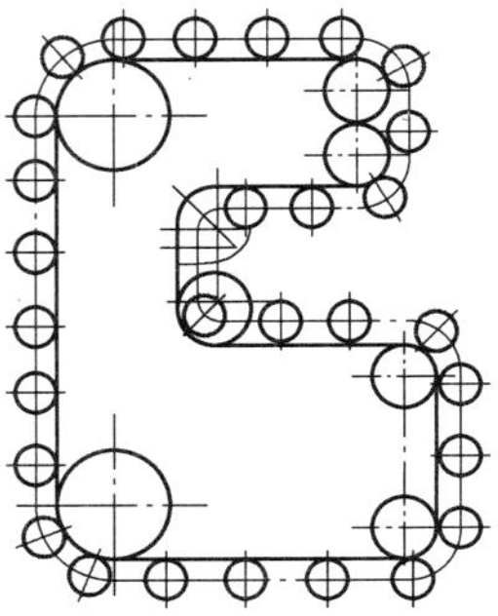

图 1-13　折叠链式刀库

2）刀库的容量。

①钻削加工：用 10 把刀具就能完成 80%的工件加工，用 20 把刀具就能完成 90%的工件加工。

②铣削加工：只需 4 把铣刀就可以完成 90%的铣削加工。

③车削加工：只需 10 把刀具即可完成 90%的车削加工。

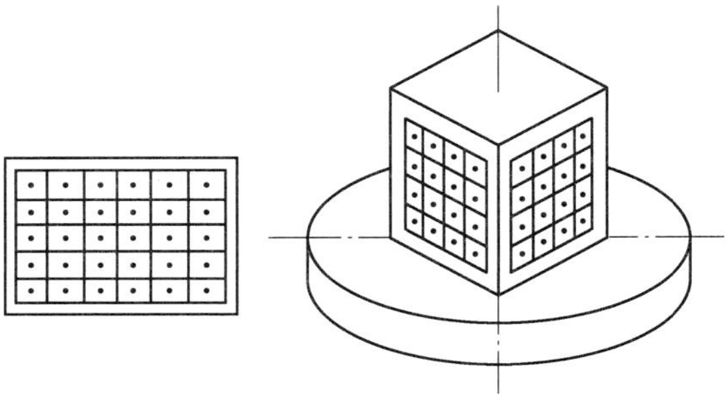

图 1-14　格子箱式刀库

大部分（超过 80%）的工件完成其全部加工只需 40 把刀具就足够了。因此从使用角度出发，刀库的容量一般为 10~40 把。

（3）换刀过程　自动换刀装置的换刀过程由选刀和换刀两部分组成。选刀即是根据数控装置发出的刀具选择指令，从刀库中将所需的刀具转换到取刀位置，完成自动选刀过程，为下面的换刀做好准备。换刀即是把主轴上用过的刀具取下，将选好的刀具安装到主轴上。

1）选刀。常用的选刀方式有顺序选刀和任意选刀两种。

①顺序选刀。刀具的顺序选择方式是将加工所需要的刀具，按预先确定的加工顺序依次安装在刀库的刀座中，换刀时，刀库按顺序转位，取出所需要的刀具。

已经使用过的刀具可以放回到原来的刀座内，也可以按顺序放入下一个刀座内。采用这种选刀方式的刀库，不需要刀具识别装置，而且驱动控制也比较简单，可以直接由刀库的分度机构来实现。因此刀具的顺序选择方式具有结构简单、工作可靠等优点。但由于刀库中的刀具在不同的工序中不能重复使用，因而必须相应地增加刀具的数量和刀库的容量，这样就降低了刀具和刀库的利用率。此外，人工装刀操作必须十分谨慎，如果刀具在刀库中的顺序发生差错，将造成设备或质量事故。

顺序选刀方式适合加工批量较大、工件品种数量较少的中、小型自动换刀装置。

②任意选刀。采用任意选刀方式的自动换刀系统中必须有刀具识别装置。刀具在刀库中不必按照工件的加工顺序排列，可任意存放，每把刀具（或刀座）都编上代码，自动换刀时，刀库旋转，每把刀具（或刀座）都经过“刀具识别装置”识别，当某把刀具的代码与数控指令的代码相符合时，该刀具就被选中，并被送到换刀位置，等待机械手来抓取。

任意选刀法的优点是刀库中刀具的排列顺序与工件加工顺序无关，相同的刀具可重复使用。因此，其刀具数量比顺序选刀法可少一些，刀库也可相应地小一些。

任意选刀法必须对刀具或刀座编码，以便识别，常用的编码方式如下：

a. 刀柄编码，如图 1-15 所示。这种方式是利用安装在刀柄上的编码元件（如编码环、编码螺钉等）预先对刀具编码后，再将刀具放入刀座中，换刀时，通过编码识别装置根据刀具的编码选刀。由于每把刀具都有自己的代码，因此采用这种方式编码的刀具可以存放于刀库的任一刀座中，刀库中的刀具不仅可在不同的工序中重复使用，而且换下来的刀具也不一定要放回原刀座中，这对装刀和选刀都十分有利，刀库的容量也可以相应地减小，而且还可避免由于刀具存放在刀库中的顺序差错而造成事故。

图 1-15　刀柄编码

b. 刀座编码。这种方式是对刀库中的每个刀座都进行编码，刀具也编码（在编程时指出），并将刀具放到与其号码相符的刀座中（即刀具在刀库中的位置是固定的）。换刀时刀库旋转，使各个刀座依次经过识刀器，直至找到规定的刀座，刀座便停止旋转。图 1-16 所示为圆盘刀库的刀座编码装置，在圆盘的圆周上均布若干个刀座识别装置。

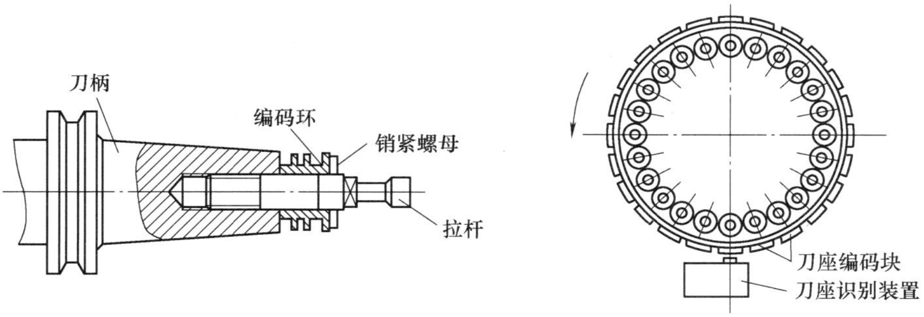

图 1-16　圆盘刀库的刀座编码装置

由于刀座编码方式取消了刀柄中的编码环，使刀柄结构大为简化。因此，刀具识别装置的结构不受刀柄尺寸的限制，而且可以放在较适当的位置。另外，在自动换刀过程中，必须将用过的刀具放回原来的刀座中，不然会造成事故，增加了换刀动作。与顺序选刀方式相比，刀座编码方式的突出特点是刀具在加工过程中可以重复使用。

注意事项：刀具的选择方式一般采用就近移动的原则，即无论采取哪种选刀方式，在根据程序指令把下一工序要用的刀具移到换刀位置时，都要向距离所换刀具最近的方向移动，以节省选刀时间。

2）换刀。刀具的交换方式和换刀装置的具体结构对机床的生产率和工作可靠性有着直接的影响。在加工中心上，刀具的交换方式通常分为无机械手换刀和机械手换刀两种。

①无机械手换刀。无机械手换刀利用刀库与机床主轴的相对运动来实现刀具的交换，故也称为主轴换刀。这种换刀机构不需要机械手，结构简单、紧凑。但换刀时，必须首先将用过的刀具送回刀库，然后再从刀库中取出新刀具，这两个动作不可能同时进行，因此换刀时间长；而且由于交换刀具时机床不工作，虽不会影响加工精度，但会影响机床的生产率；因

受刀库尺寸所限，装刀数量不能太多，故这种换刀方式常用于小型加工中心。

②机械手换刀。采用这种换刀方式的换刀机构由刀库和机械手组成，机械手完成换刀动作。由于机械手换刀灵活，而且可以减少换刀时间，故应用最为广泛。

带机械手的自动换刀装置的布局结构多种多样，其换刀过程的动作顺序也不尽相同。其动作主要有：抓刀→拔刀→换刀→插刀→复位。

下面以常见的钩刀机械手为例，用动作分图加以说明。钩刀机械手换刀作为最常用的一种换刀形式，其换刀过程如图 1-17 所示。

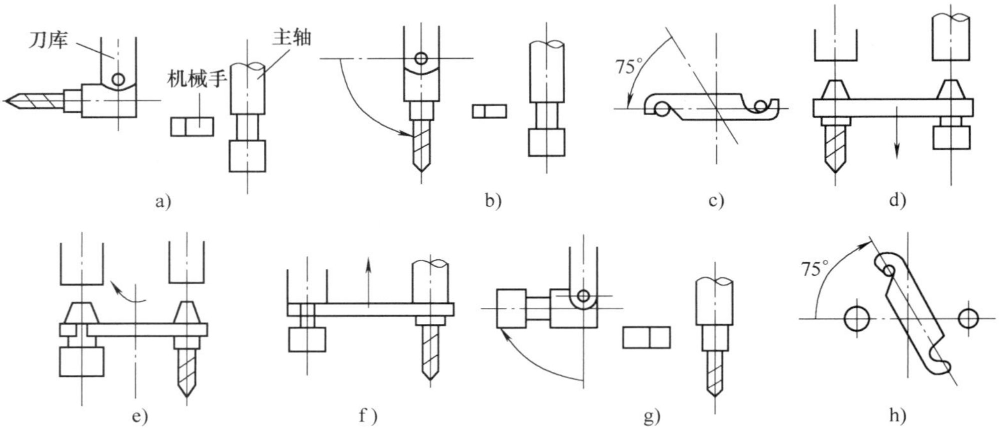

图 1-17　钩刀机械手的换刀过程

(五) 加工中心的特点及主要加工对象

1. 加工中心的特点

与普通机床相比，加工中心具有以下许多显著的特点。

(1) 加工精度高　在加工中心上加工，工序高度集中，一次装夹即可加工出零件上的大部分表面，避免了工件因多次装夹所产生的装夹误差。同时，加工中心多采用半闭环或全闭环位置补偿功能，有较高的定位精度和重复定位精度，与普通机床相比，能获得较高的尺寸精度。

(2) 精度稳定　在加工中心上加工，整个加工过程由程序自动控制，不受操作者人为因素的影响，加工出来的零件尺寸一致性好。

(3) 加工效率高　在加工中心上加工，一次装夹可完成多个工步，减少了多次装夹工件所需的辅助时间；同时，减少了工件在机床与机床之间、车间与车间之间的运输时间，可比普通机床的效率提高 3~4 倍。

(4) 表面质量好　加工中心具有自适应控制功能，能随刀具和工件材质及刀具参数的变化把切削参数调整到最佳数值，从而提高加工表面的质量。为了满足较好的工艺要求，加工中心在结构上也有许多与普通机床不同的地方。

1）加工中心的刚度高、抗振性好。

2）加工中心的传动系统结构简单，传递精度高，速度快。

3）加工中心的主轴系统结构简单，无齿轮箱变速系统（特殊的只保留一级或两级齿轮传动）。

4）加工中心的导轨都采用了耐磨材料和新结构，能长期保持导轨的精度，可在高速切削下保证运动部件不振动，低速进给时不爬行及运动中的高灵敏度。

5）加工中心设置有刀库和换刀机构。

6）加工中心使用多个工作台，工作台自动交换。

2. 加工中心的主要加工对象

根据以上工艺特点，加工中心主要适合加工要求高效、高精度的零件，形状复杂的零件，需多工位、多工序集中加工的零件，以及重复投产或经常需要局部改进的零件。加工中心的主要加工对象有以下四类：

（1）箱体类零件　箱体类零件一般是指具有多个孔系，内部有型腔或空腔，在长、宽、高方向有一定比例的零件，如图1-18所示。这类零件在机床、汽车、飞机等上应用较多，如汽车的发动机缸体、变速器箱体，机床的主轴箱，柴油机缸体，齿轮泵壳体等。箱体类零件一般都需要进行孔系、轮廓、平面的多工位加工，公差要求特别是几何公差要求较为严格，通常要经过铣、镗、钻、扩、铰、锪、攻螺纹等工序，使用的刀具、工装较多，在普通机床上需多次装夹、找正，测量次数多，导致工艺复杂，加工周期长，成本高，尤其是精度难以保证。这类零件在加工中心上加工，一次装夹可以完成普通机床60%~95%的工序内容，零件的各项精度一致性好，质量稳定，同时可缩短生产周期，降低生产成本。

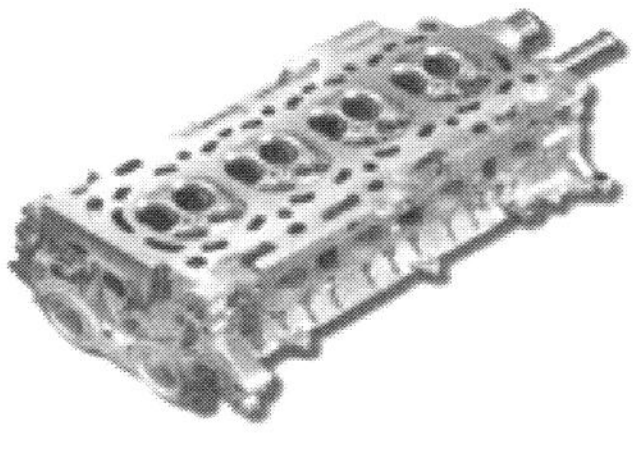

图1-18　箱体类零件

对加工工位较多、工作台需多次旋转角度才能完成加工的零件，一般选用卧式加工中心。当加工的工位较少，且跨距不大时，可选立式加工中心，从一端进行加工。

（2）复杂曲面　同数控铣床一样，加工中心也适合加工复杂曲面，如图1-19所示，如飞机、汽车零件型面，叶轮，螺旋桨，各种曲面成形模具等。就加工的可能性而言，在不出现加工过切或加工盲区时，复杂曲面一般可以采用球头铣刀进行三坐标联动加工，加工精度较高，但效率较低。如果工件存在加工过切或加工盲区，如整体叶轮等，就必须考虑采用四坐标或五坐标联动的机床。仅仅加工复杂曲面时并不能发挥加工中心自动换刀的优势，因为复杂曲面的加工一般只经过粗铣、半精铣、清根等步骤，所用的刀具较少，特别是像模具一类的单件加工。

图1-19　复杂曲面零件

（3）异形件　异形件是外形不规则的零件，大多数需要进行点、线、面多工位混合加工，如支架、基座、样板、靠模、支架等。异形件的刚性一般较差，夹压及切削变形难以控制，加工精度也难以保证。这时可充分发挥加工中心工序集中的特点，采用合理的工艺措施，利用一次或两次装夹完成多道工序或全部的加工内容。经验表明，加工异形件时，形状越复杂、精度要求越高，越能显示加工中心的优势。

（4）盘、套、板类零件　这类零件是指带有键槽或径向孔，或端面有分布孔系以及有曲面的盘套或轴类零件，如带法兰的轴套、带有键槽或方头的轴类零件等；具有较多孔的板类零件，如各种电机盖等。端面有分布孔系、曲面的盘、套、板类零件宜选用立式加工中心，有径向孔的可选用卧式加工中心。

【任务实施】

任务分析

加工中心和数控铣床在结构、工艺和编程等方面有许多相似之处，特别是全功能型数控铣床与加工中心相比，区别主要在于数控铣床没有刀库和自动换刀装置（ATC），只能用手动方式换刀；而加工中心因具备刀库和 ATC，故可将使用的刀具预先安排好存放于刀库内，需要时再通过换刀指令和 ATC 自动换刀。

数控铣床/加工中心具有丰富的加工功能和较宽的加工范围。根据工件的结构与技术要求不同，选择数控机床。本任务重点学习数控铣床/加工中心的种类及加工对象。

实施步骤

每两人一组，其中一人提问，另一人需正确回答出不同类型零件的加工采用何种机床，然后换组进行。指导教师进行巡回检查，并提问。

【考核评价】

过程考核卡

项目	检查内容	评分标准	得分与点评		
			配分	得分	点评
知识掌握（50%）	基本知识（习题）	正确	25		
	知识运用	合理正确	25		
师生互动（30%）	教师提出问题并指定学生回答	学生回答问题正确	15		
	小组互动	小组完成任务	15		
团队协作（20%）	解决问题、完成任务	解决问题（及时、方法正确）、完成任务（顺利、完整）	20		
整改意见		整改措施			

【课后测评】

（一）判断题

1. 与立式数控铣床相比，卧式数控铣床的结构复杂，占地面积大，价格也较高，且试切时不易观察，但生产时容易监视，装夹及测量也很方便。（　　）

2. 数控铣床可以实现直线、圆弧的插补功能，但不能实现非圆曲线的加工。（　　）

3. 刀具半径补偿功能是指可以根据零件图样的标注尺寸来编程，而不必考虑所用刀具的实际半径尺寸，从而减少编程时的复杂数值计算。（　　）

4. 曲面类零件一般使用立式铣刀切削，加工面与铣刀始终为面接触，若采用其他刀具加工，易产生干涉而铣伤邻近表面。（　　）

5. 复合加工中心主要是指在一台加工中心上有立、卧两个主轴，或主轴可以改变 180°

的转角，或工作台可带动工件一起旋转 180°的情况。（ ）

6. 在加工中心上使用的刀库主要有两种，一种是圆盘式刀库，另一种是链式刀库。（ ）

（二）选择题（选出一个或多个正确答案）

1. 数控铣床通常分为（ ）三类。
   A. 立式数控铣床 B. 卧式数控铣床 C. 龙门式数控铣床 D. 复合式数控铣床
2. 数控铣床的主要加工对象有（ ）。
   A. 轴类零件 B. 变斜角类零件 C. 平面类零件 D. 曲面类零件
3. 数控铣床刀具补偿有（ ）。
   A. 刀具半径补偿 B. 刀具长度补偿
   C. 刀尖半径补偿 D. A、B 两者都没有
4. （ ）数控铣床采用工作台移动、升降，而主轴不动的方式。小型数控铣床一般采用此方式。
   A. 复合式 B. 主轴头升降式 C. 龙门式 D. 工作台升降式
5. 复杂零件为（ ）、在普通铣床上加工时难以观察和控制的零件。
   A. 形状复杂 B. 尺寸繁多 C. 划线较困难 D. 检测较困难
6. 加工中心的结构可分为两大部分，即（ ）。
   A. 基础部分 B. 控制部分 C. 主机部分 D. 主轴部分

任务三 数控铣床基本编程指令

不同系统的数控铣床/加工中心编程指令和编程方法有所差异，为便于读者理解，本书将以 FANUC 0i 系统数控铣床指令为例，介绍数控铣床常用的编程指令和编程方法。

【任务目标】

知识目标

1. 掌握数控铣床/加工中心编程的基本格式。
2. 掌握数控铣床/加工中心的编程指令及使用方法。

技能目标

1. 掌握简单零件的数控铣削加工方法。
2. 掌握工装夹具、刀具的使用方法。

【任务描述】

序号	具体任务内容	任务要求
1	数控铣床/加工中心编程指令	掌握数控铣床/加工中心常用指令的格式及使用方法
2	工件坐标系的建立	掌握数控铣床/加工中心坐标系的建立方法及指令意义

【知识储备】

（一）数控铣床/加工中心的坐标系

1. 坐标轴的判定

数控铣床/加工中心坐标轴的判定方法依然采用右手直角笛卡儿坐标系。

2. 两种坐标系

数控机床的坐标系包括机床坐标系和工件坐标系。

3. 数控铣床/加工中心的机床原点

在数控铣床/加工中心上，机床原点一般设在 X、Y、Z 轴的正方向极限位置上，如图 1-20 所示。

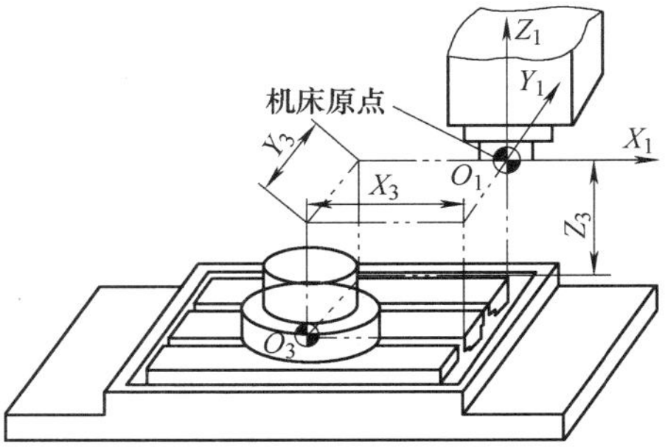

图 1-20 机床原点

4. 对刀点和换刀点

（1）对刀点与对刀 在数控编程中，确定程序原点是非常重要的，因为工件原点是零件加工时刀具相对零件运动的“基准点”，这一点往往是刀具加工的起点，有时也是刀具加工的终点。程序原点是零件安装好后，通过“对刀”找正确定下来的。

1）对刀。所谓对刀是指使“刀位点”与“对刀点”重合的操作。

2）刀位点。刀位点是指刀具的定位基准点，如图 1-21 所示，对于立铣刀和丝锥来说，刀位点是刀具轴线与底面的交点，球头铣刀的刀位点一般取为球心，钻头的刀位点是钻尖，车刀、镗刀的刀位点是刀尖。注意：切断刀有左右两个刀位点。

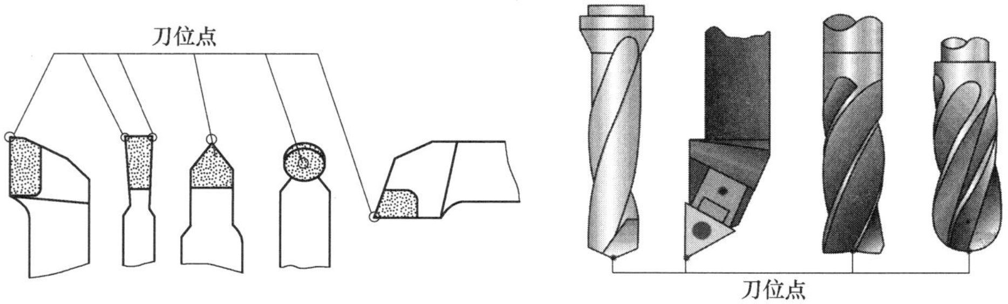

图 1-21 刀具的刀位点

3）对刀点。对刀点是指通过对刀确定刀具与工件相对位置的基准点。对刀点可以设在工件上，也可以设在与工件的定位基准有一定关系的夹具的某一位置上。对刀点的选择原则如下：

①所选的对刀点应使程序编制简单。

②对刀点应选在容易找正、便于确定零件加工原点的位置。

③对刀点应选在加工过程中检查方便、可靠的位置。

④对刀点的选择应有利于提高加工精度。

当对刀精度要求较高时，对刀点应尽量选在零件的设计基准或工艺基准上，对于以孔定位的工件，一般取孔的中心作为对刀点。对刀点往往与工件原点重合。若两者不重合，在设置机床零点偏置时，应当考虑两者的差值。

（2）换刀点　换刀点是为加工中心、数控车床等采用多刀加工的机床而设置的，因为这些机床在加工过程中要自动换刀，在编程时应考虑选择合适的换刀位置。对于手动换刀的数控铣床，也应确定相应的换刀位置。为防止换刀时碰伤零件、刀具或夹具，换刀点常常设置在被加工零件的轮廓之外，并留有一定的安全量。

（二）数控铣床/加工中心的编程指令概述

1. G 指令

G 指令命令机床以何种方式进行切削加工或移动。G 指令以地址字符 G 后面加两位数字组成，其范围是 G00~G99。不同的代码代表不同的意义与不同的动作方式，表 1-1 是常用的 G 指令。

表 1-1　常用的 G 指令

G 代码	组	功能	G 代码	组	功能
★G00	01	快速定位	G50	11	比例缩放取消
G01		直线插补	G51		比例缩放有效
G02		圆弧插补（顺时针）	G50.1	22	镜像功能取消
G03		圆弧插补（逆时针）	G51.1		镜像功能有效
G04	00	暂停	G52	00	局部坐标系设定
G09		精确停	G53		指定机床坐标系
★G15	17	极坐标设定取消	★G54	14	选择工件坐标系 1
G16		极坐标设定有效	G55		选择工件坐标系 2
★G17	02	选择 *XY* 平面	G56		选择工件坐标系 3
G18		选择 *XZ* 平面	G57		选择工件坐标系 4
G19		选择 *YZ* 平面	G58		选择工件坐标系 5
G20	06	英制单位输入	G59		选择工件坐标系 6
★G21		米制单位输入	G65	00	宏程序调用
★G27	00	参考点返回检查	G68	16	坐标旋转有效
G28		返回参考点	G69		坐标旋转取消
G29		从参考点返回	G73	09	高速深孔啄钻循环
G30		返回第 2、3、4 参考点	G74		攻左螺纹循环
★G40	07	取消刀具半径补偿	G76		精镗孔循环
G41		刀具半径左补偿	★G80		取消固定循环
G42		刀具半径右补偿	G81		钻孔循环
G43	07	刀具长度正向补偿	G82		孔底暂停钻孔循环
G44		刀具长度负向补偿	G83		深孔啄钻循环
★G49		刀具长度补偿取消	G84		攻右螺纹循环

（续）

G 代码	组	功能	G 代码	组	功能
G85	09	铰孔循环	★G94	05	每分钟进给量
G86		高速镗孔循环	G95		每转进给量
G87		背精镗孔循环	G96	13	恒表面速度控制
G88		半自动精镗孔循环	G97		取消恒表面速度控制
G89		孔底暂停镗孔循环	★G98	10	固定循环返回到初始点
★G90	03	绝对值编程	G99		固定循环返回到参考点
G91		增量值编程			
G92	00	设定工件坐标系			

注：1. 标有“★”的 G 代码为初态（初始状态）G 代码，即是当系统接通电源和复位时显示的 G 代码。G20、G21 为断电前的状态。

2. G 指令按功能分组，在 G 代码表中按组号表示，有 00~22 组。G 指令以组别可区分为两类：模态指令和非模态指令。属于“00”组者是非模态指令；其他组别者（01~22 组）为模态指令。

3. 如果同组的 G 代码出现在同一程序段中，则最后一个 G 代码有效。

4. 在固定循环（09 组）中，如果遇到 01 组的 G 代码，固定循环被自动取消。

2. M 指令

数控铣床的 M 功能与数控车床的基本相同。数控铣床 M 功能代码及其功能说明见表 1-2。

表 1-2　数控铣床 M 功能代码及其功能说明

M 代码	功能说明	M 代码	功能说明
M00	程序停	M07（M08）	切削液开启
M01	程序选择性停止	M09	切削液关闭
M02	程序结束	M30	程序结束并返回程序头
M03	主轴正转（CW）	M98	子程序调用
M04	主轴反转（CCW）	M99	子程序结束
M05	主轴停止		

注意事项：对于 FANUC 0i 系统，一般情况下，在一个程序中仅能指定一个 M 代码。若在同一个程序段中有两个 M 代码出现时，虽其动作不相冲突，但以排列在后面的 M 代码有效，前面的 M 代码被忽略而不执行。但是，设定参数 No. 3404#7 （M3B）= 1 时，在一个程序段中一次最多可以指定三个 M 代码。

3. 主轴功能（S 指令）

主轴功能控制主轴转速，其后的数值表示主轴转速，单位为 r/min。S 为模态指令，且 S 功能只有在主轴速度可自动调节时才有效。

4. 刀具功能（T 功能）

刀具功能也称 T 功能，T 代码主要用来选择刀具。它由地址字符 T 和后续数字组成，有 T××和 T×××之分，具体对应关系由生产厂家确定，使用时应首先参考厂家说明书。

5. 进给功能（F 功能）

进给功能也称 F 功能，F 指令用于指定加工时刀具相对于工件的合成进给速度，它的单位取决于 G94 或 G95 指令。G94 表示每分钟进给量，单位为 mm/min。G95 表示每转进给量，单位为 mm/r。

（三）编程时的注意事项

1. 换刀的处理

零件的加工离不开刀具，加工中心能执行 T 指令和 M06 换刀指令，但由于数控铣床没有刀库，不能实现自动换刀，因此在数控铣床的加工程序中不能执行 T 指令和 M06 换刀指令，只能由操作者进行手动换刀。为此对数控铣床加工程序的换刀处理有以下两种方式：

（1）M00 指令　按加工顺序编排程序，在需要换刀的地方指令 M00 程序段，让系统暂停，以便由操作者进行手动换刀。

（2）按刀具划分程序　依据加工顺序，按照一把刀一个程序段的原则划分程序，以便在程序段结束时由操作者进行手动换刀。

上述两种方式中，为了让操作者换刀方便，程序中要设计换刀位置，让刀具移到换刀位置后暂停或停止。

2. 小数点编程

数控编程时可以用小数点输入，当输入距离、时间或速度时可以使用小数点，将视为一般通用的度量单位：mm（毫米）、in（英寸）、s（秒）等。数字单位以米制为例分为两种：一种是以 mm（毫米）为单位，另一种是以脉冲当量即机床的最小输入单位为单位。现在大多数数控机床的脉冲当量为 0.001mm。

例如：从点 A（0，0）到点 B（30，0）有以下三种表达方式：

X30.0

X30.　　　　　　　（小数点后的零可省略）

X30 000　　　　　 （脉冲当量为 0.001mm）

以上三组数值表示的坐标值均为 30mm，虽然 30.0 与 30 000 从数学角度上看相差了 1000 倍，但是 X30 000 表示 30 000 个 0.001mm 脉冲当量，所以实际的运动距离为 30mm。

3. 数控装置初始状态的设定

当机床电源打开时，数控装置将处于初始状态，表 1-1 中标有“★”（初态）的 G 代码被激活。但数控装置的状态在开机后可通过手动数据输入（MDI）方式更改，且会随着程序的运行而发生变化，因此为了保证程序的安全运行，建议在程序开始处编写初始状态设定的程序段，即 G21、G90、G80、G40、G49、G17，以对程序的初始状态进行有针对性的设定。

4. 安全高度的确定

对于铣削加工，起刀点和退刀点必须距离工件上表面有一个安全高度，保证刀具在停止状态时，不与工件和夹具发生碰撞。在安全高度位置，刀具中心（刀尖）所在平面也称为安全面。

5. 进给下刀位置的确定

进给下刀位置即是刀具下刀时自快进转为工进的 Z 坐标高度值，一般设为 5~10mm，以避免机床惯性对工件表面造成损伤和保护刀具。

（四）G 功能指令介绍

1. 尺寸单位的设定

工程图样中的尺寸标注有英制和米制两种形式，用 G 代码可以选择输入的单位是英制还是米制。G20 为英制输入，最小设定单位为 0.0001in；G21 为米制输入，最小设定单位为 0.001mm。英制与米制的换算关系：1mm = 0.0394in，1in = 25.4mm。

说明：

1）G20/G21 必须在设定工件坐标系之前指定。

2）程序执行过程中不要变更 G20、G21。

3）在有些数控系统中，英制、米制的转换采用 G71/G70 代码，如 SINUMERIK 系统、FAGOR 系统。

2. 与坐标系有关的指令

（1）选择机床坐标系指令　该指令的功能是将刀具快速定位到机床坐标系中的指定位置上。

指令格式：

G53　X __　Y __　Z __；

其中，X、Z、Y 表示刀具移动的目标点的坐标。

说明：G53 指令是非模态指令，只在绝对坐标值（G90）状态下有效。

注意事项：在使用 G53 指令前，应取消相关的刀具半径、长度或位置补偿，而且必须使机床回参考点以建立起机床坐标系。

（2）工件坐标系的设定指令（G92、G54～G59）　工件坐标系可用下述两种方法设定。

1）G92 指令。G92 指令是基于刀具的当前位置来设置工件坐标系的，它的用法与含义同数控车床 GSK980T 系统的 G50 指令。

指令格式：

G92　X __　Y __　Z __；

其中，X、Y、Z 为刀具当前刀位点在工件坐标系中的绝对坐标值。

如图 1-22 所示建立的工件坐标系，使用 G92 指令编程为 G92　X20.0　Y10.0　Z10.0。

说明：

①必须单独用一个程序段指定 G92 指令。

②必须用绝对方式（G90）表示。

③在 G92 指令的程序段中尽管有位置指令值，但不产生刀具与工件的相对运动。

④执行该指令时，若刀具当前刀位点恰好在对刀点上，此时建立的坐标系即为工件坐标系，加工原点与编程原点重合；若刀具当前点不在对刀点上，则加工原点与编程原点不一致，加工出的产品就有误差或可能报废，甚至出现危险。因此执行该指令时，刀具当前刀位点必须恰好在对刀点上。

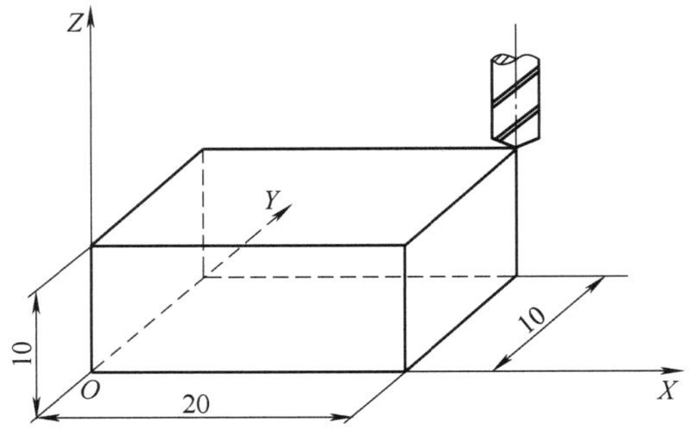

图 1-22　用 G92 指令建立的工件坐标系

在实际加工中机床若发生断电或重起，G92 指令所建立的工件坐标系将丢失，继续加工需重新对刀，以使刀具仍回到起始位置。有经验的数控操作人员这样来解决该问题，即找出从机床原点到设 G92 刀具位置的实际距离，并在每次特定设置时（例如在零件开始加工前）记录它，这样就可以在重新通电时将刀具移动到相应的位置上。

2）零点偏置法（G54～G59 指令）。零点偏置法是基于机床原点来设置工件坐标系的。

说明：

①G54～G59 指令用来指定数控系统预定的 6 个工件坐标系，如图 1-23 所示，可任选其一。G54～G59 为模态指令，可相互注销，其中 G54 为默认值。

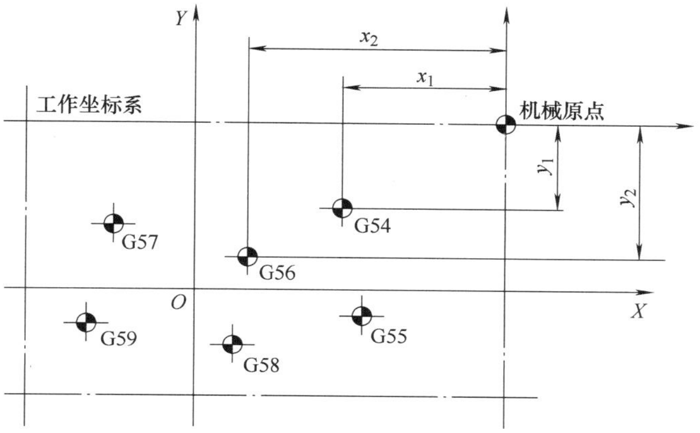

图 1-23　零点偏置法设定工件坐标系

②使用该组指令前，要先将各工件坐标系的坐标原点在机床坐标系中的坐标值（即工件零点偏置值），用 MDI 方式输入到机床操作面板中相应的工件原点偏置存储器，如图 1-24 所示，数控系统会自动记忆。

外部坐标偏移		G54 设定		G55 设定		G56 设定	
X	0.000	X	100.000	X	0.000	X	0.000
Y	0.000	Y	50.000	Y	0.000	Y	0.000
Z	0.000	Z	0.000	Z	0.000	Z	0.000
G57 设定		**G58 设定**		**G59 设定**		**G59.1 设定**	
X	0.000	X	0.000	X	0.000	X	0.000
Y	0.000	Y	0.000	Y	0.000	Y	0.000
Z	0.000	Z	0.000	Z	0.000	Z	0.000

图 1-24　工件原点偏置存储界面

注意事项：零点偏置法是基于机床原点，通过在工件原点偏置存储界面中设置参数的方式来设定工件坐标系的。因此工件坐标系一旦设定，工件原点在机床坐标系中的位置是不变的，与刀具的当前位置无关，除非再通过 MDI 方式修改。故在自动加工中即使发生断电，只要工件和刀具没被卸下，其所建立的工件坐标系就不会丢失。但使用本方法必须使机床开机后回参考点才有意义。

对于多程序原点偏移，采用 G54～G59 原点偏置寄存器存储所有程序原点与机床参考点的偏移量，然后在程序中直接调用 G54～G59 进行原点偏移是很方便的。

（3）设定局部坐标系指令　该指令能在所有的工件坐标系（G92、G54～G59）中形成子坐标系，即局部坐标系。

指令格式：

G52　X__　Y__　Z__;

其中，X、Y、Z 为指令局部坐标原点在当前工件坐标系中的坐标值。

说明：

①该指令为非模态指令，但其所设定的局部坐标系在被取消前一直有效。

②由于其是局部坐标系，只在指令的工件坐标系内有效，而不影响其余的工件坐标系。当局部坐标系建立后，编程中的绝对坐标值则为局部坐标系中的坐标值。要取消局部坐标系，可用“G52　X0　Y0　Z0;”来实现。

3. 回参考点控制指令

（1）自动返回参考点指令（G28）

指令格式：

G28　X__　Y__　Z__;

其中，X、Y、Z 为回参考点时经过的中间点坐标，G90 时为中间点在工件坐标系中的坐标值，G91 时为中间点相对于起点的增量值。注意，在执行该指令前应取消刀具半径和刀具长度补偿。在执行 G28 程序段时，不仅产生坐标轴的移动，而且还记忆中间点坐标值，以供 G29 使用。G28 是非模态指令。

（2）自动从参考点返回指令（G29）

指令格式：

G29　X__　Y__　Z__;

通常该指令紧跟在 G28 指令之后。

注意事项：局部坐标系不能替代工件坐标系，它只是工件坐标系的补充。

【任务实施】

任务分析

FANUC 0i 系统是数控铣床目前使用最广泛的数控系统。本任务重点介绍 FANUC 0i 系统数控铣床的功能代码，通过分析准备功能、辅助功能、主轴功能、刀具功能、进给功能的格式，掌握各功能的使用方法。

实施步骤

每两人一组，其中一人提问，另一人需正确回答出不同指令的意义，然后换组进行。指导教师进行巡回检查，并提问。

小组讨论

设定工件坐标系指令 G92 与 G54～G59 在使用上有何区别？

【考核评价】

过程考核卡

项目	检查内容	评分标准	得分与点评		
			配分	得分	点评
知识掌握（50%）	基本知识（习题）	正确	25		
	知识运用	合理正确	25		
师生互动（30%）	教师提出问题并指定学生回答	学生回答问题正确	15		
	小组互动	小组完成任务	15		
团队协作（20%）	解决问题、完成任务	解决问题（及时、方法正确）、完成任务（顺利、完整）	20		
整改意见		整改措施			

【课后测评】

（一）判断题

1. 如果同组的 G 代码出现在同一程序段中，则最后一个 G 代码有效。（ ）

2. 如果要使主轴停转，可用 F0 来表示。（ ）

3. 对于铣削加工，起刀点和退刀点必须距离工件上表面有一个安全高度，保证刀具在停止状态时，不与工件和夹具发生碰撞。（ ）

4. 程序执行过程中可以变更 G20、G21 尺寸单位设定指令。（ ）

5. 在实际加工中机床若发生断电或重起，G92 指令所建立的工件坐标系将依然有效。（ ）

（二）选择题（选出一个或多个正确答案）

1. 主轴功能用地址字符（ ）表示。

A. F　B. S　C. M　D. G

2. 数控装置初始状态的设定指令有（ ）。

A. G91　B. G21　C. G81　D. G40

3. 与 G54 用法相同的指令有（ ）。

A. G53　B. G55　C. G92　D. G57

4. 现在大多数数控机床的脉冲当量为（ ）。

A. 0.1mm　B. 0.01mm　C. 0.001mm　D. 0.0001mm

5. 零点偏置法是基于（ ），通过在工件原点偏置存储界面中设置参数的方式来设定工件坐标系的。

A. 工件原点　B. 机床原点　C. 机床坐标系　D. 工件坐标系

项目二

数控铣床简单典型零件加工

任务一　加工键槽类零件

【任务目标】

知识目标

1. 掌握数控铣床的坐标平面分类。
2. 掌握 G00、G01、G02 和 G03 指令的编程格式及使用方法。

技能目标

1. 能正确运用 G00、G01、G02 和 G03 指令进行编程。
2. 能正确使用工装夹具及刀具。

【任务描述】

序号	具体任务内容	任务要求
1	数控铣床的坐标平面	掌握数控铣床的坐标平面分类
2	编程方式	掌握数控铣床的编程方式
3	数控铣床的基本移动指令	掌握 G00、G01、G02 和 G03 指令的编程格式及使用方法

图 2-1 所示为键槽类零件加工任务图。

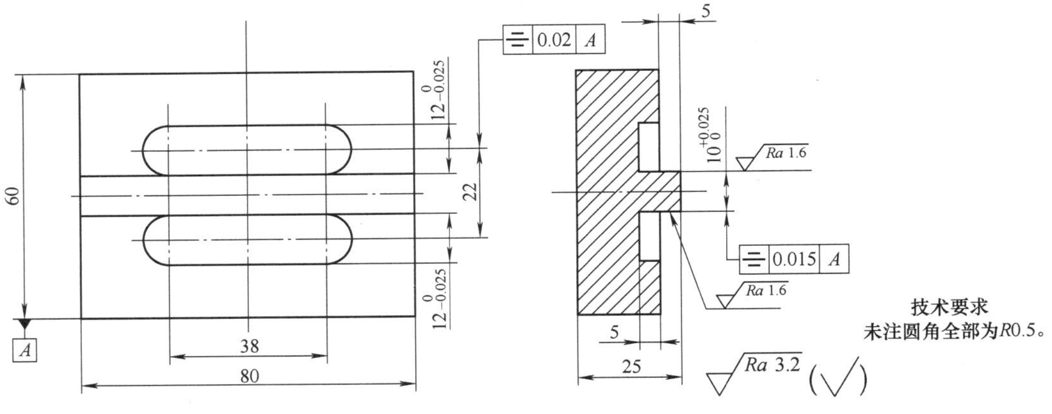

图 2-1　键槽类零件加工任务图

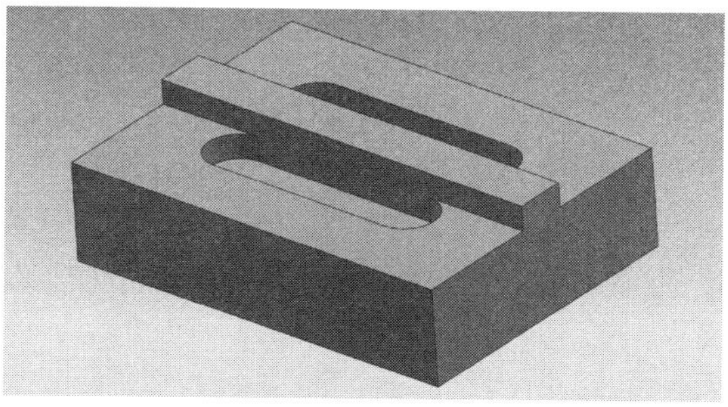

图 2-1　键槽类零件加工任务图（续）

【知识储备】

（一）坐标平面的选择

坐标平面的选择及圆弧顺逆判别如图 2-2 所示。

G17 指令选择 *XY* 平面，G18 指令选择 *ZX* 平面，G19 指令选择 *YZ* 平面。

G17、G18、G19 为模态指令，可相互注销，G17 为默认值。

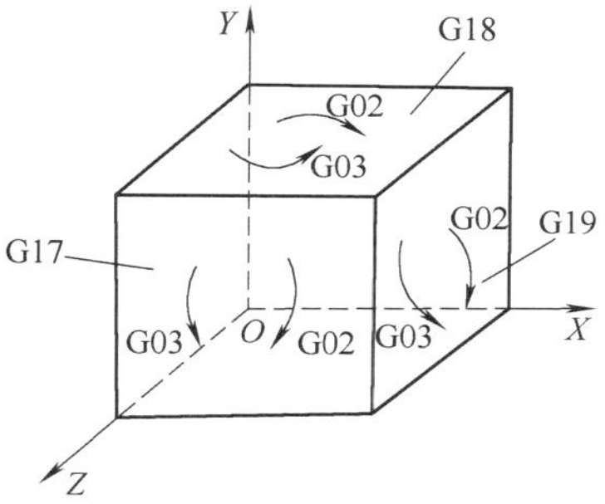

图 2-2　坐标平面的选择及圆弧顺逆判别

（二）编程方式的选择

以 G90 指令设定程序中的坐标值为绝对值（即绝对编程方式），以 G91 指令设定程序中的坐标值为增量值（即增量编程方式）。

（三）基本移动指令

基本移动指令包括快速定位、直线插补和圆弧插补三个指令。

1. 快速定位指令 G00

该指令命令刀具以点位控制方式从刀具所在点快速移动到目标位置，无运动轨迹要求。机床快速移动的速度不需要指定，由生产厂家确定。

指令格式：

G00　X __ Y __ Z __;

其中，X、Y、Z 表示刀具移动的目标点的坐标。

提醒：

1）G00 指令刀具相对于工件从当前位置以各轴预先设定的快移进给速度移动到程序段所指定的下一个定位点。

2）G00 指令中的快进速度由机床参数对各轴分别设定，不能用程序规定。由于各轴以各自的速度移动，不能保证各轴同时到达终点，因而联动直线轴的合成轨迹并不总是直线。因此，要注意避免刀具与工件或夹具发生碰撞。一般的做法是：下刀时，先指令刀具在安全

高度上进行 *X*、*Y* 轴定位，再指令 *Z* 轴运动；提刀时，先指令 *Z* 轴运动，以便刀具提起一个安全高度，再指令 *X*、*Y* 轴运动。如图 2-3 所示，使用 G00 指令编程，要求刀具从 *O* 点快速定位到 *A* 点，程序为“G90　G00　X300.0　Y150.0;”。

3）快移速度可由面板上的快速修调旋钮修正。

4）G00 为模态功能，可由 G01、G02、G03 功能注销。

5）不运动的坐标可以省略。

2. 直线插补指令 G01

该指令用于直线或斜线运动，可使数控机床沿 *X* 轴、*Y* 轴或 *Z* 轴方向执行单轴运动，也可以沿 *XY* 平面、*XZ* 平面、*YZ* 平面内任意斜率的直线运动。

指令格式：G01　X__ Y__ Z__ F__;

其中，X、Y、Z 表示刀具移动的目标点的坐标；F 表示刀具的进给速度（mm/min）。

如图 2-4 所示，使用 G01 指令编程，要求刀具从点 *A* 快速定位到点 *B*。

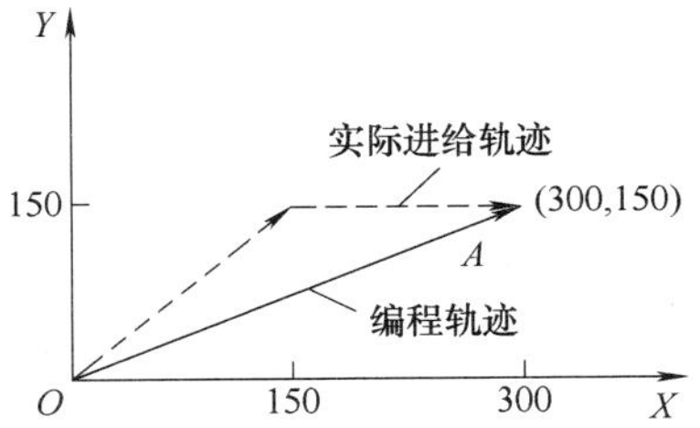

图 2-3　G00 指令编程实例

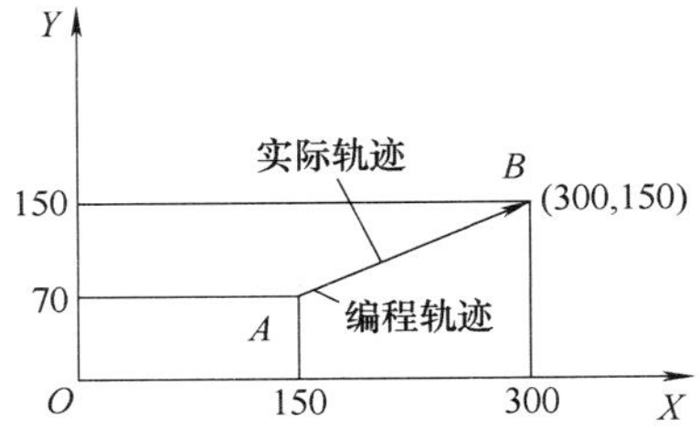

图 2-4　G01 指令编程实例

程序如下：

绝对值编程 G90　G01　X300.0　Y150.0　F70.0;

增量值编程 G91　G01　X150.0　Y80.0　F70.0;

3. 圆弧插补指令（G02、G03）

该指令控制刀具在指定的坐标平面内以 F 指定的进给速度从当前位置（圆弧起点）沿圆弧移动到目标点位置（圆弧终点）。

G02 为顺时针圆弧插补指令，G03 为逆时针圆弧插补指令。顺时针或逆时针圆弧切削方向的判别方法：沿与圆弧所在平面相垂直的第三轴正向朝负向看，坐标平面上的圆弧移动是顺时针方向的为顺时针圆弧；反之，为逆时针圆弧。圆弧插补指令有三种情况：

（1）*XY* 平面上的圆弧

指令格式：

$$\mathrm{G17}\begin{Bmatrix}\mathrm{G02}\\ \mathrm{G03}\end{Bmatrix}\mathrm{X}\_\ \mathrm{Y}\_\begin{Bmatrix}\mathrm{I}\_\ \mathrm{J}\_\\ \mathrm{R}\_\end{Bmatrix}\mathrm{F}\_;$$

（2）*XZ* 平面上的圆弧

指令格式：

$$\mathrm{G18}\begin{Bmatrix}\mathrm{G02}\\ \mathrm{G03}\end{Bmatrix}\mathrm{X}\_\ \mathrm{Z}\_\begin{Bmatrix}\mathrm{I}\_\ \mathrm{K}\_\\ \mathrm{R}\_\end{Bmatrix}\mathrm{F}\_;$$

（3）*YZ* 平面上的圆弧

指令格式：

$$G19\begin{Bmatrix}G02\\G03\end{Bmatrix}Y\_\_\ Z\_\_\begin{Bmatrix}J\_\_\ K\_\_\\R\_\_\end{Bmatrix}F\_\_;$$

其中，X、Y、Z 表示圆弧的终点坐标值；R 为圆弧半径；I、J、K 为圆心矢量。

需要说明的是，圆弧圆心有以下两种表示方式：

①用地址 R 直接以圆弧的半径值表示圆心。该方法在同一半径的情况下，从圆弧起点到终点可能有两个圆弧：小于 180°的圆弧（图 2-5a）和大于 180°的圆弧（图 2-5b）。为区分圆弧，规定当圆弧所对的圆心角≤180°时，R 取正值（+号可省略）；当圆弧所对的圆心角>180°时，R 取负值。

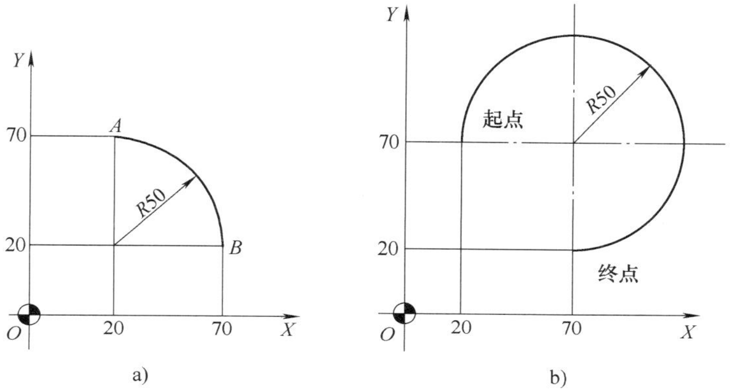

图 2-5　用 R 编程的两种圆弧

②用 I、J、K 表示圆心。I、J、K 分别为圆弧圆心相对圆弧起点在 *X*、*Y*、*Z* 轴方向上的增量值，也可以理解为圆弧起点到圆心的矢量（矢量方向指向圆心）在 *X*、*Y*、*Z* 轴上的投影，如图 2-6 所示。

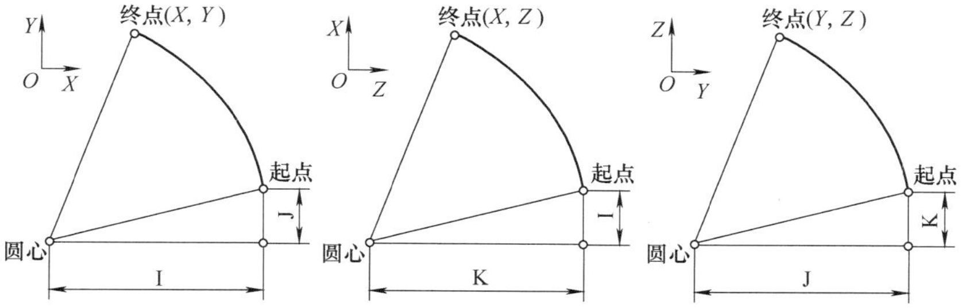

图 2-6　圆弧的终点位置与圆心

提醒：

①I、J、K 和 R 同时指令时，R 有效，I、J、K 无效。

②I0、J0、K0 可以省略。

③整圆编程时不可用 R，只能用 I、J、K。原因是整圆（即 360°圆弧）加工的定义是起点和终点相隔 360°的圆弧刀具运动（其起点和终点坐标重合），因此无法用 R 确定圆弧的圆心位置（刀具不移动，即 0°圆弧）。

如图 2-7 所示，设刀具从点 *A* 开始沿 *A*→*B*→*C* 切削，取进给速度为 200mm/min，主轴转速为 800r/min。

用绝对值指令编程：

$A\rightarrow B$　G90　G03　X140.0　Y100.0　I−60.0　J0.0　F100；

$B\rightarrow C$　G02　X120.0　Y60.0　I−50.0　J0.0；

用增量值指令编程：

$A\rightarrow B$　G91　G03　X−60.0　Y60.0　I−60.0　J0.0　F100；

$B\rightarrow C$　G02　X−20.0　Y−40.0　I−50.0　J0.0；

编制图 2-8 所示整圆的加工程序，刀具从起点 *A* 向点 *B* 方向顺时针旋转一周，程序如下：

G90　G02　X0.0　Y40.0　I0.0　J−40.0　F100；

G91　G02　X0.0　Y0.0　I0.0　J−40.0　F100；

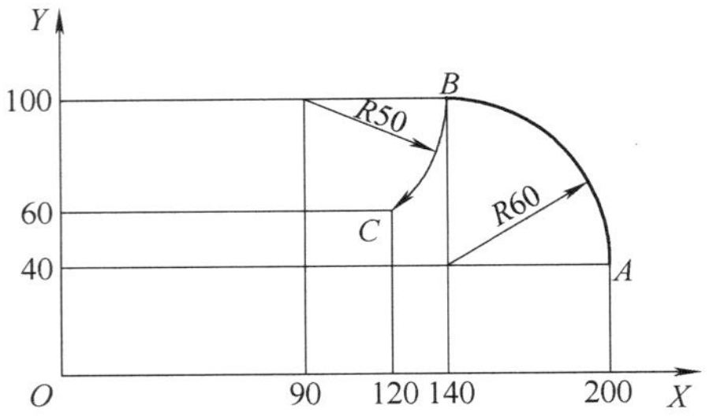

图 2-7　G02、G03 指令编程实例

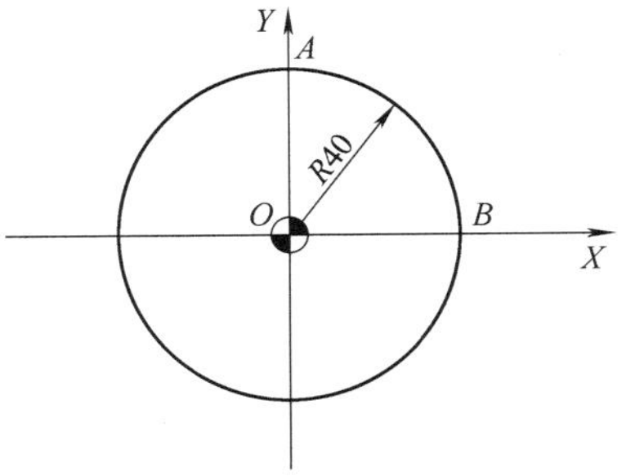

图 2-8　整圆编程实例

（四）暂停指令（G04）

该指令控制系统按指定时间暂时停止执行后续程序段，暂停时间结束则继续执行。该指令为非模态指令，只在本程序段有效。

指令格式：

$$\text{G04}\begin{Bmatrix}\text{X}\ \_\_\\ \text{P}\ \_\_\end{Bmatrix};$$

其中，X、P 均为暂停时间。X 后面的数值可带小数点，单位为 s；P 后面的数值不允许用小数点，单位为 ms。

暂停指令 G04 应用于下列情况：

1）用于主轴有高速、低速档切换时，位于 M05 指令后，用 G04 指令暂停几秒，使主轴停稳后，再行换档，以避免损伤主轴电动机。

2）用于孔底加工时暂停几秒，使孔的深度正确及减小孔底面的表面粗糙度值。

3）用于铣削大直径螺纹时，用 M03 指定主轴正转后，暂停几秒使主轴的转速稳定再加工螺纹，以保证螺距正确。

【任务实施】

实施方案一　手工编程

任务分析

加工图 2-1 所示的零件，材料为 45 钢，毛坯尺寸为 90mm×70mm×35mm。应用宇龙仿真软件进行仿真加工，最后在数控铣床上加工实际产品（数控铣床和加工中心编程指令格式与使用方法相同，故以数控铣床为例）。由于槽的轮廓轨迹即为刀具刀位点的运动轨迹，因此在编程过程中，无需采用刀具半径补偿功能，只需要掌握数控编程规则、常用指令的指令格式等理论知识。此外，由于数控加工内容不同，导致数控加工程序各不相同，但不同数控程序的开始与结束是基本相同的。

在完成该任务的过程中，需要掌握数控加工工艺知识和刀具安装、机床自动运行等操作技能。

实施步骤

（一）任务准备

1）准备与数控技术与操作相关的教学资料，包括教材、教参、多媒体课件、视频文件、工作任务书等。

2）准备教学用辅具、槽类零件毛坯及刀具。

3）准备相关工艺生产资料。

（二）工艺分析

1. 零件图样分析

从图 2-1 中可以看出加工内容较为简单，主要为加工直线槽和凸台，故取工件上表面中心为编程原点，如图 2-9 所示。

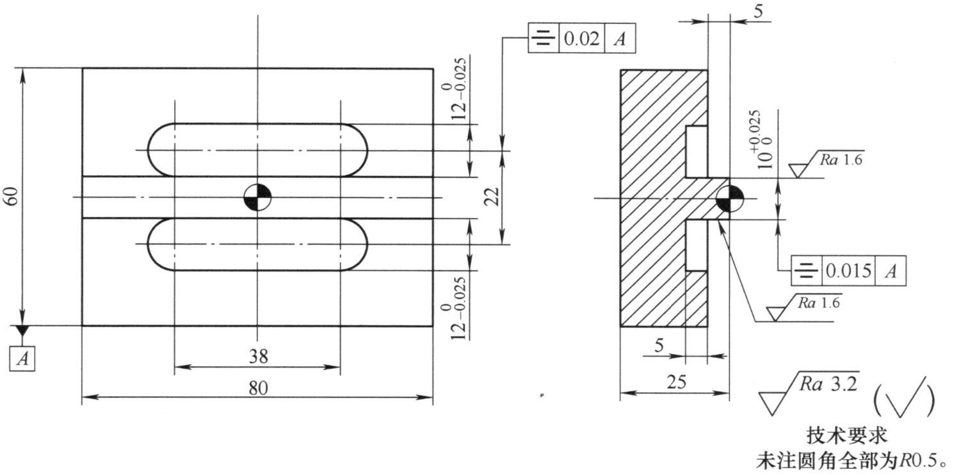

图 2-9　确定编程原点

2. 确定工件的安装与加工方法

（1）选择数控机床　本任务选择的机床为 FANUC 0i MA 系统铣床。

（2）确定工件的安装方式　用机用虎钳装夹。

3. 选择刀具与铣削用量

（1）选择刀具　选择直径为 ϕ12mm 的高速钢键槽铣刀。

（2）选择铣削用量　切削用量推荐值：主轴转速 n = 1000r/min，进给速度 v_f =

20mm/min。

4. 加工工序

1）加工上表面尺寸为 80mm×60mm 的底座，保证其高度大于 25mm，如图 2-10 所示。

注意：也可将工件反向装夹，保证总高后，将多余部分切削掉。

2）加工高度为 5mm 的凸台，保证图样要求的公差，保证工件总高度为 25mm，如图 2-11 所示。

3）加工凸台两侧的键槽，用 ϕ12mm 键槽铣刀，如图 2-12 所示。

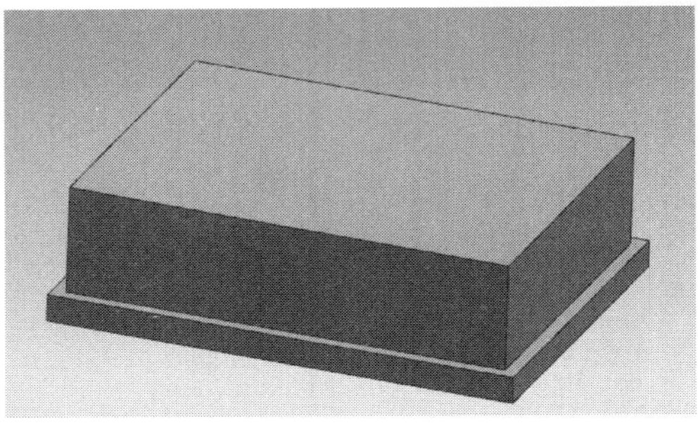

图 2-10　底座加工

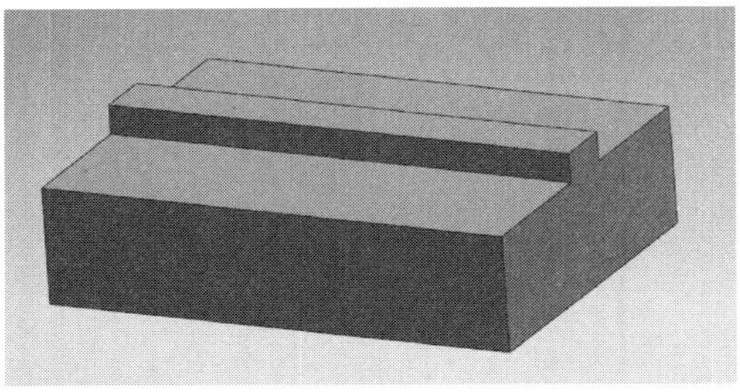

图 2-11　凸台加工

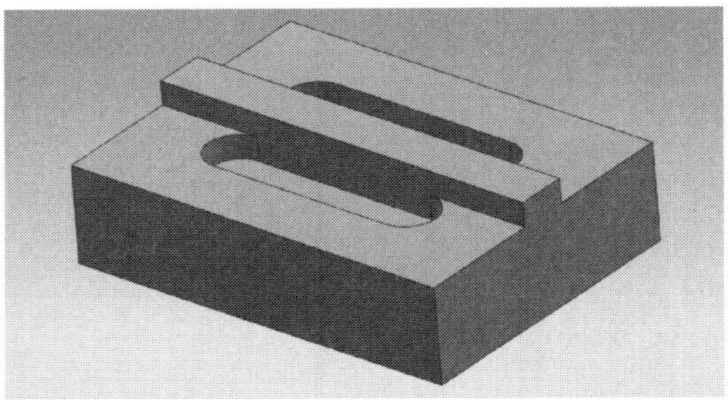

图 2-12　键槽加工

（三）编制精加工数控程序

底座精加工程序见表 2-1。

表 2-1　底座精加工程序

程　　序	说　　明
O0001;	程序号
N10 G54 G90 G00 X46.0 Y-40.0 Z100.0;	设定工件坐标系，快速定位到起点
N20 S1000 M03;	主轴起动
N30 Z5.0;	下刀至安全高度
N40 G01 Z-25.0 F20;	下刀至切削深度
N50 Y36.0 F100;	底座轮廓加工程序
N60 X-46.0;	
N70 Y-36.0;	
N80 X-50.0;	
N90 Z5.0;	以进给速度抬刀至安全高度
N100 G00 Z100.0;	快速回到起始点
N110 M05;	主轴停
N120 M30;	程序结束

凸台精加工程序见表 2-2。

表 2-2　凸台精加工程序

程　　序	说　　明
O0002;	程序号
N10 G54 G90 G00 X46.0 Y-40.0 Z100.0;	设定工件坐标系，快速定位到起点
N20 S1000 M03;	主轴起动
N30 Z5.0;	下刀至安全高度
N40 G01 Z-5.0 F20;	下刀至切削深度
N50 Y-11.0 F100;	凸台加工程序
N60 X-50.0;	
N70 Y11.0;	
N80 X50.0;	
N90 Z5.0;	以进给速度抬刀至安全高度
N100 G00 Z100.0;	快速回到起始点
N110 M05;	主轴停
N120 M30;	程序结束

键槽精加工程序见表 2-3。

表 2-3　键槽精加工程序

程　　序	说　　明
O0003;	程序号
N10 G54 G90 G00 X19.0 Y11.0 Z100.0;	设定工件坐标系
N20 S1000 M03;	主轴起动
N30 Z5.0;	下刀至安全高度
N40 G01 Z-10.0 F20;	加工第一个键槽
N50 X20.0;	
N60 G03 X19.0 Y12.0 R1.0;	
N70 G01 X-19.0;	
N80 G03 X-19.0 Y10.0 R1.0;	
N90 G01 X19.0;	
N100 G03 X20.0 Y11.0 R1.0;	
N110 G01 X19.0;	
N120 G00 Z100.0;	
N130 X19.0 Y-11.0 Z50.0;	
N140 G00 Z5.0;	以进给速度抬刀至安全高度

（续）

程　　序	说　　明
N150 G01 Z-10.0 F20；	加工第二个键槽
N160 X20.0 F100；	
N170 G03 X19.0 Y-10.0 R1.0；	
N180 G01 X-19.0；	
N190 G03 X-19.0 Y-12.0 R1.0；	
N200 G01 X19.0；	
N210 G03 X20.0 Y-11.0 R1.0；	
N220 G01 X19.0；	
N230 G00 Z100.0；	快速回到起始点
N240 M05；	主轴停
N250 M30；	程序结束

小组讨论

如果本任务零件精加工程序采用增量值编程，则程序应该如何编制。

实施方案二　CAXA 自动编程

（一）实体造型

1）单击“特征管理”栏中的“平面 XY”按钮，再按<F2>键进行草图绘制。

2）单击菜单【造型】→【曲线生成】→【矩形】，或直接单击“曲线生成栏”中的“矩形”按钮，弹出立即菜单，如图 2-13 所示。单击立即菜单中的中心_长_宽选项，输入长度为 80、宽度为 60。按状态栏提示拾取坐标原点为矩形中心点，右击结束命令，绘制的矩形草图如图 2-14 所示。然后按<F2>键退出草图。

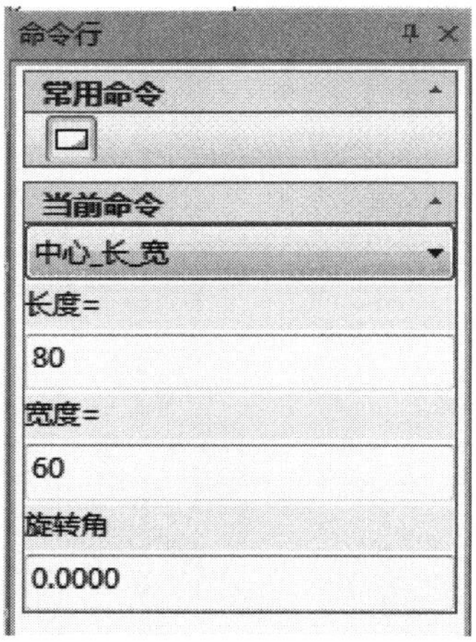

图 2-13　立即菜单

图 2-14　矩形草图

3）单击菜单【造型】→【特征生成】→【增料】→【拉伸】，或直接单击“特征生成”栏中的“拉伸增料”按钮，在“拉伸”对话框中选择“固定深度”，深度为 25，拾取矩形草图（草图 0）为拉伸对象，单击“确定”按钮，生成拉伸实体，如图 2-15 所示。

图 2-15　拉伸实体

4）单击菜单【造型】→【特征生成】→【基准面】，或直接单击“特征生成”栏中的“基准面”按钮，生成立即菜单。在“构造基准面”对话框中的构造方法中选择“等距平面确定基准平面”，构造条件选择“XY 平面”，输入距离 25。单击“确定”按钮，生成基准平面“平面 3”。

5）选中特征树中构造的“平面 3”，右击选择“创建草图”，按<F2>键进入草图绘制状态。

6）单击菜单【造型】→【曲线生成】→【直线】，或直接单击工具栏按钮，在立即菜单中选择“水平/铅垂线”“铅垂”，长度输入“35”，按状态栏提示以原点为铅垂线中心做长为“35”的铅垂线，如图 2-16 所示。

7）单击菜单【造型】→【曲线生成】→【矩形】，或直接单击“曲线生成”栏中的“矩形”按钮，弹出立即菜单。单击立即菜单中的中心_长_宽选项，输入长度 80、宽度均为 25。按状态栏提示拾取铅垂线的两边端点为中心做矩形，右击结束命令，完成后将长为“35”的铅垂线删除，结果如图 2-17 所示。

图 2-16　铅垂线草图

图 2-17　曲线草图

8）单击菜单【造型】→【特征生成】→【除料】→【拉伸】，或直接单击“特征生成”栏中的“拉伸增料”按钮，在“拉伸”对话框中选择“固定深度”，深度为 5，拾取矩形草图（草图 1）为拉伸对象，单击“确定”按钮，生成拉伸实体，如图 2-18 所示。

图 2-18　拉伸实体

9）单击菜单【造型】→【特征生成】→【基准面】，或直接单击“特征生成”栏中的“基准面”按钮；在“构造基准面”对话框中，构造方法选择“等距平面确定基准平面”，输入距离 20，如图 2-19 所示。单击“确定”按钮，生成基准平面“平面 4”。

图 2-19 “构造基准面”对话框

10）选中特征树中构造的“平面 4”，右击选择“创建草图”，按<F2>键进入草图绘制状态。

11）单击菜单【造型】→【曲线生成】→【直线】，或直接单击工具栏按钮，在立即菜单中选择“水平/铅垂线”“铅垂”，长度输入“22”，按状态栏提示以原点为铅垂线中心做长为 22 的铅垂线。

12）单击菜单【造型】→【曲线生成】→【矩形】，或直接单击“曲线生成”栏中的“矩形”按钮，弹出立即菜单。单击立即菜单中的“中心_长_宽”选项，输入长度 38、宽度均为 12。按状态栏提示拾取铅垂线的两边端点为中心做矩形，右击结束命令，完成后将长为“22”的铅垂线删除，结果如图 2-20 所示。

13）单击菜单【造型】→【曲线生成】→【圆弧】，或直接单击工具栏按钮，在立即菜单中选择“两点半径”，按状态栏提示拾取矩形两端点为圆心，输入半径 6，得到半径为 6 的圆弧，如图 2-21 所示。按同样方法绘制其他三个圆弧，删除两个矩形的四条短边，如图 2-22 所示。

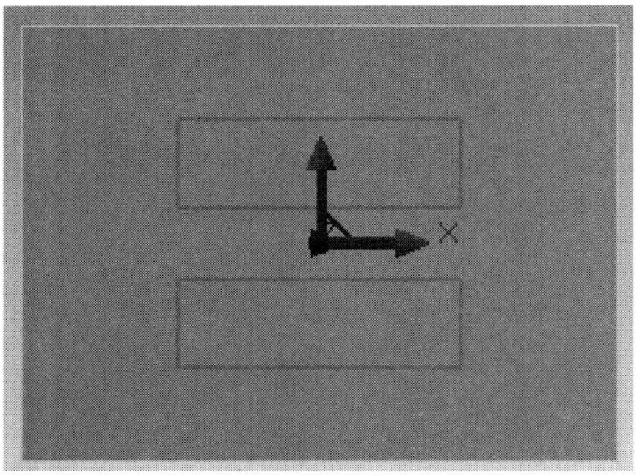

图 2-20 矩形草图

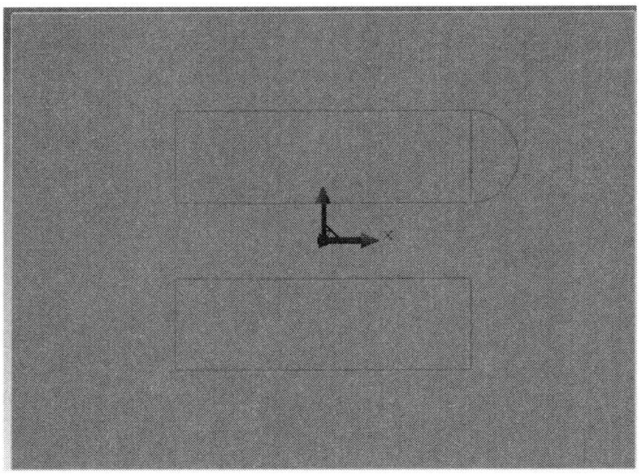

图 2-21 矩形草图

14）单击菜单【造型】→【特征生成】→【除料】→【拉伸】，或直接单击“特征生成”栏中的“拉伸增料”按钮，在“拉伸”对话框中选择“固定深度”，深度为 5，拾取矩形草图（草图 2）为拉伸对象，单击“确定”按钮，生成拉伸实体，如图 2-23 所示。

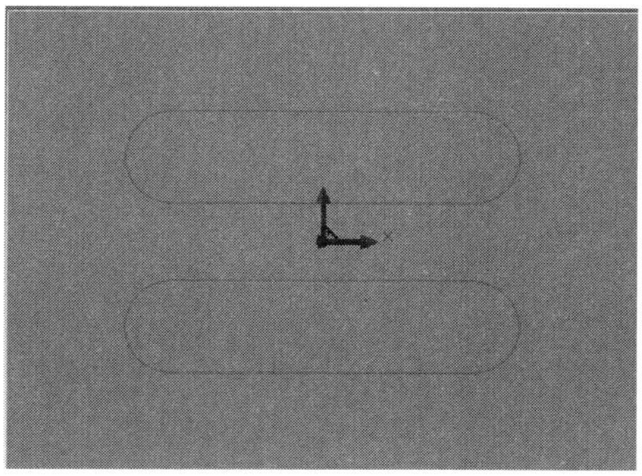

图 2-22　圆弧草图

图 2-23　拉伸实体

（二）实体加工

1）单击菜单【造型】→【曲线生成】→【相关线】，或直接单击“曲线生成”栏中的“相关线”按钮，弹出立即菜单，选择“实体边界”命令。单击拾取相关线，如图 2-24 所示。

2）定义毛坯 。

①选择特征树中的“加工管理”选项，双击特征树中的“毛坯”，弹出“毛坯定义”对话框，如图 2-25 所示。

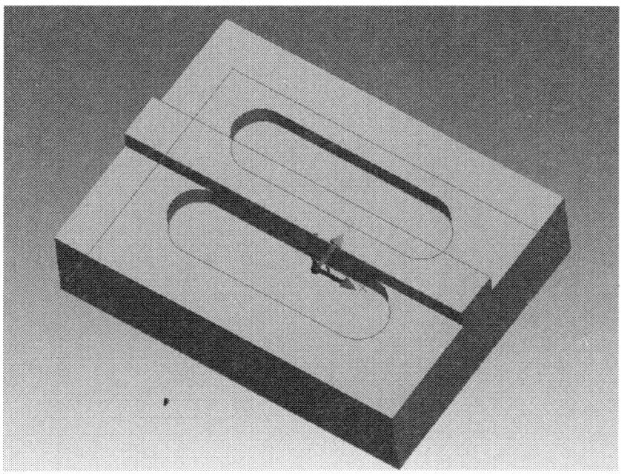

图 2-24　拾取相关线

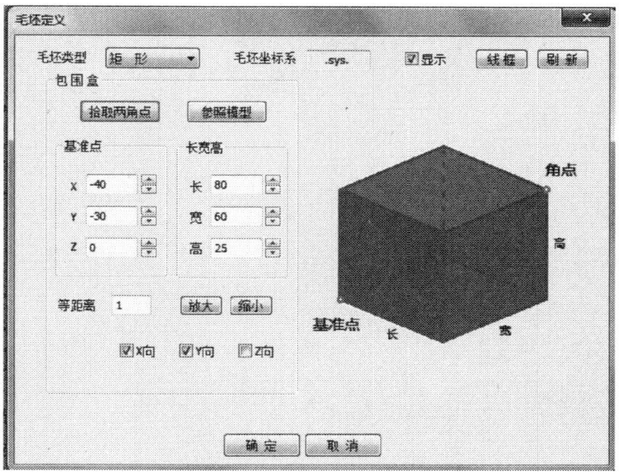

图 2-25　“毛坯定义”对话框

②单击“拾取两角点”按钮，基准点的 X 坐标为−40，Y 坐标为−30，Z 坐标为 0；长宽高的长为 80，宽为 60，高为 25。或单击“参照模型”按钮，调整完后单击“确定”按钮，生成的毛坯图形如图 2-26 所示。

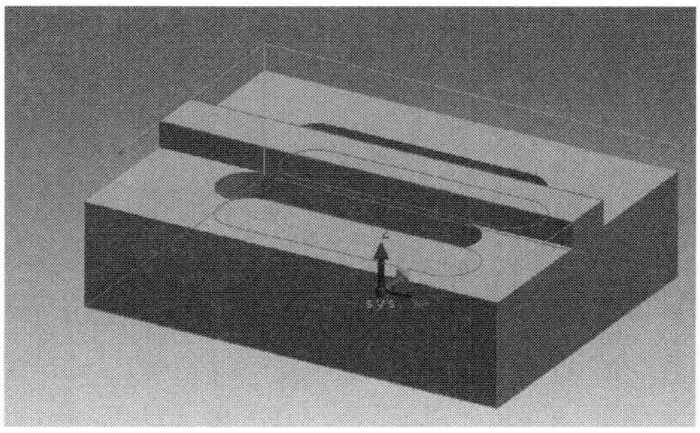

图 2-26　毛坯图形

3）单击菜单【加工】→【粗加工】→【平面区域粗加工】，或直接单击工具栏中的“平面区域粗加工”按钮，在弹出的“平面区域粗加工”对话框中单击“加工参数”等标签，按

图 2-27～图 2-30 所示设置各选项卡。

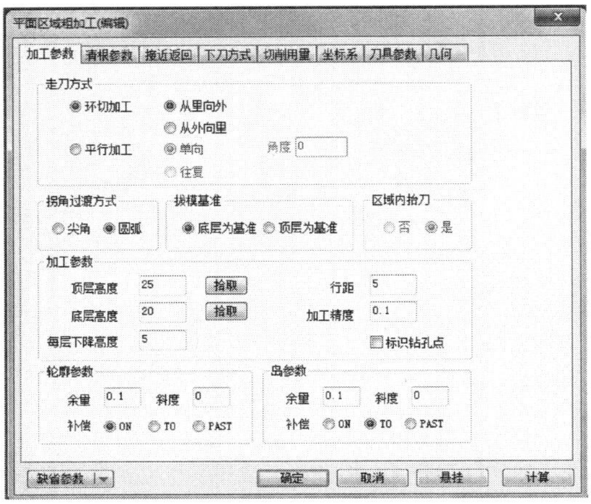

图 2-27　加工参数

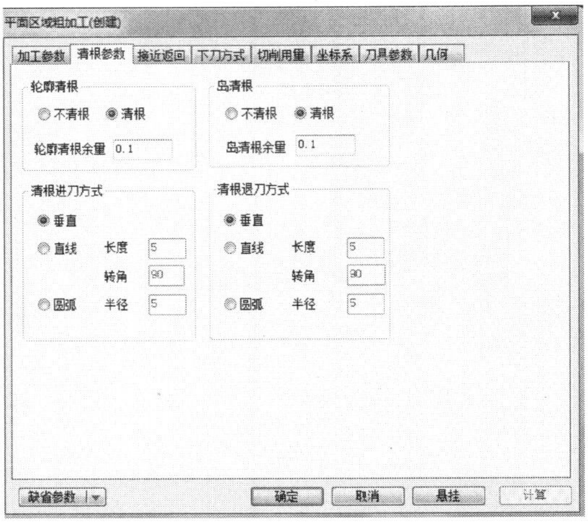

图 2-28　清根参数

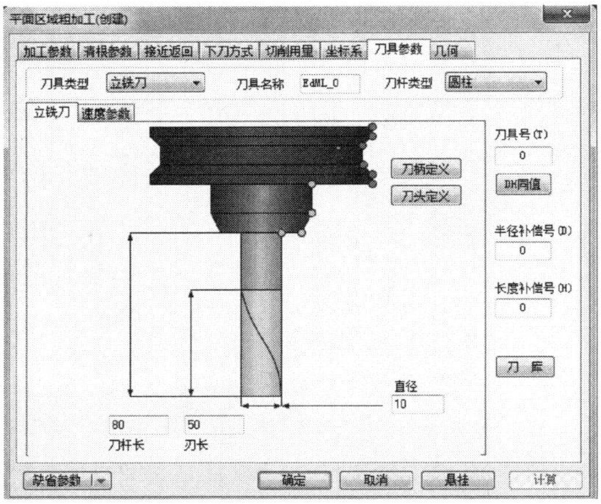

图 2-29　刀具参数

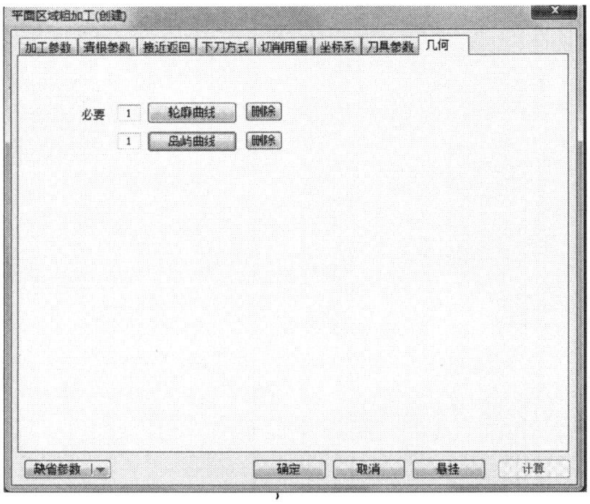

图 2-30　几何

注意：接近返回、下刀方式、切削用量、坐标系这几个选项卡均不用设置。图 2-30 中“轮廓曲线”选取长为 80、宽为 60 的矩形，岛屿曲线选取长为 80、宽为 10 的矩形，如图 2-31 所示。完成后单击“确定”按钮，生成加工轨迹，如图 2-32 所示。

4）单击菜单【加工】→【精加工】→【平面轮廓精加工】，或直接单击工具栏中的“平面轮廓精加工”按钮，在弹出的“平面轮廓精加工”对话框中单击“加工参数”等标签，按图 2-33～图 2-35 所示设置各选项卡。

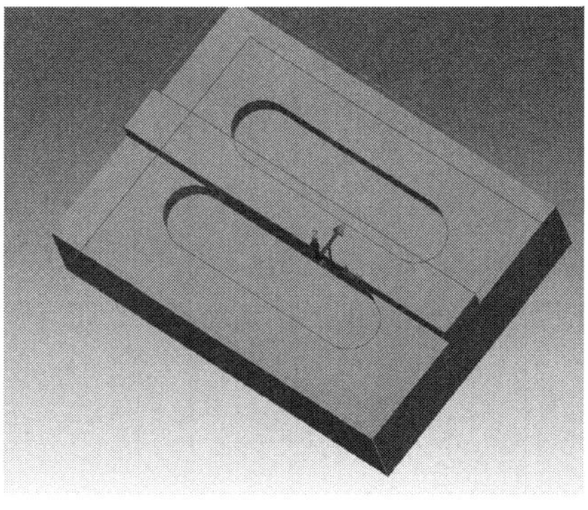

图 2-31　选项轮廓曲线

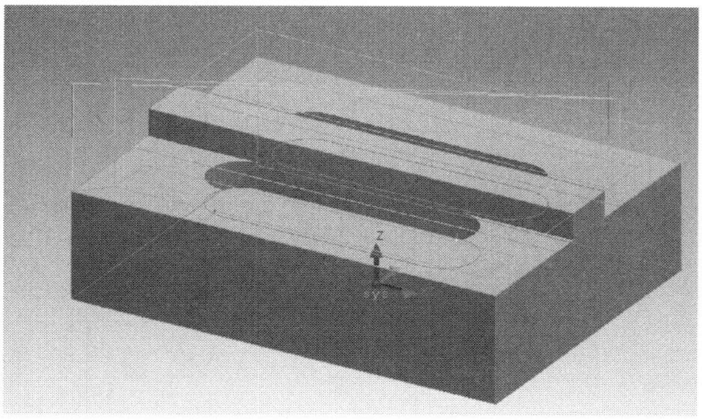

图 2-32　加工轨迹

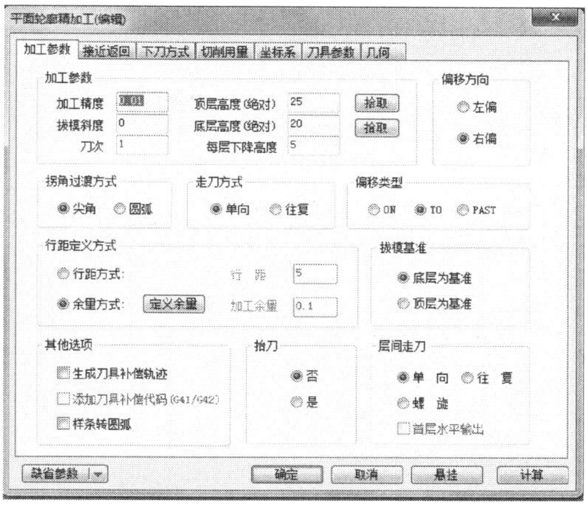

图 2-33　加工参数

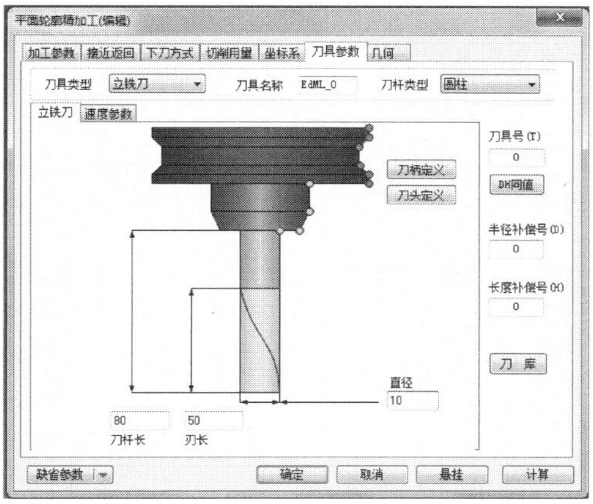

图 2-34　刀具参数

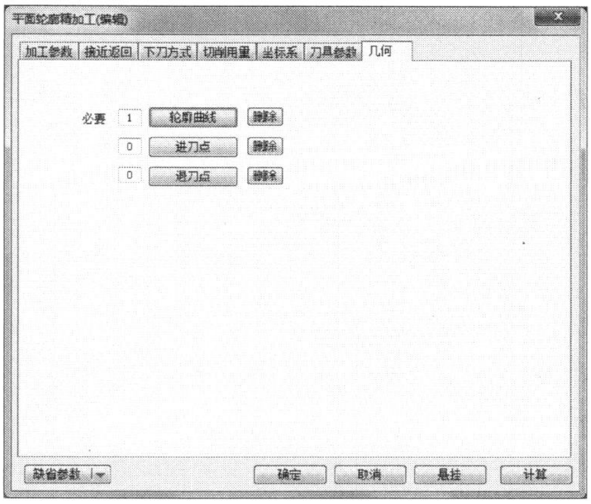

图 2-35　几何

注意：接近返回、下刀方式、切削用量、坐标系这几个选项卡不用设置。图 2-35 中“轮廓曲线”选取长为 80、宽为 10 的矩形，如图 2-36 所示，进刀点、退刀点按默认设置，设置完成后单击“确定”按钮，生成加工轨迹，如图 2-37 所示。

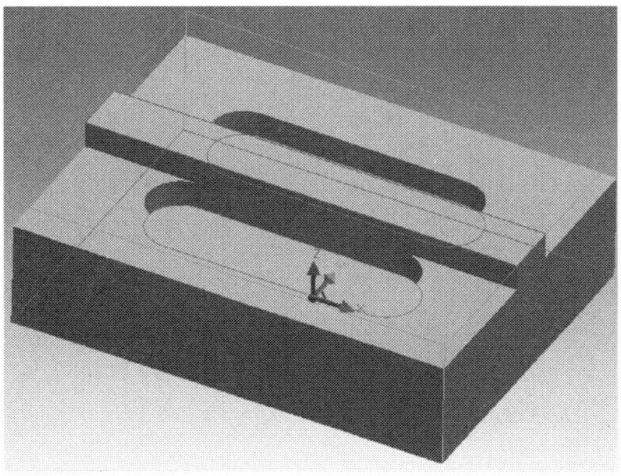

图 2-36　选取轮廓曲线

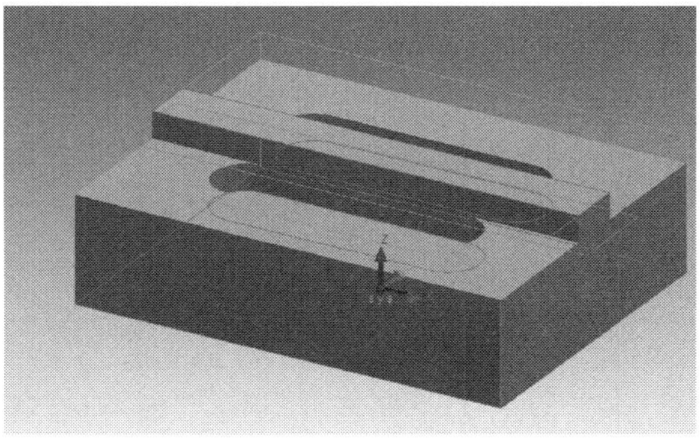

图 2-37　加工轨迹

5）单击菜单【加工】→【精加工】→【平面轮廓精加工】，或直接单击工具栏中的“平面轮廓精加工”按钮，在弹出的“平面轮廓精加工”对话框中单击“加工参数”等标签，按图 2-38~图 2-40 所示设置各选项卡。

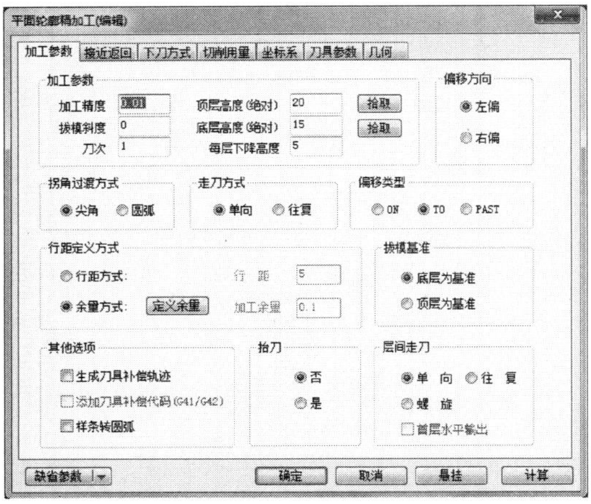

图 2-38 加工参数

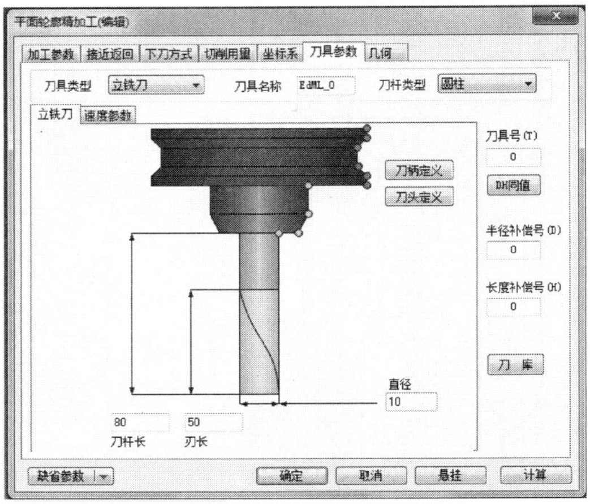

图 2-39 刀具参数

注意：接近返回、下刀方式、切削用量、坐标系这几个选项卡不用设置。图 2-40 中“轮廓曲线”选取两个类似于椭圆的几何图形，进刀点、退刀点按默认设置，设置完成后单击“确定”按钮，生成加工轨迹，如图 2-41 所示。

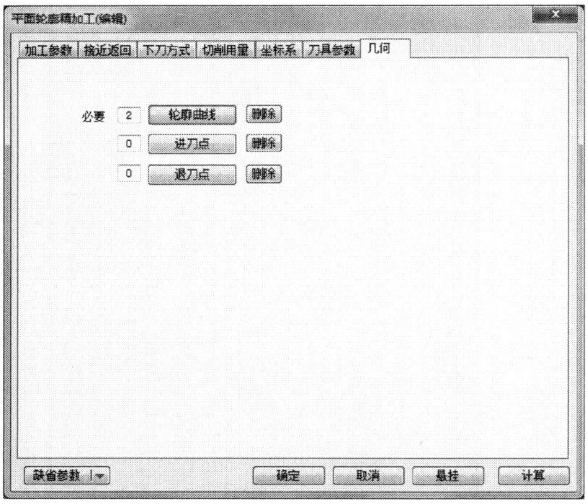

图 2-40 几何

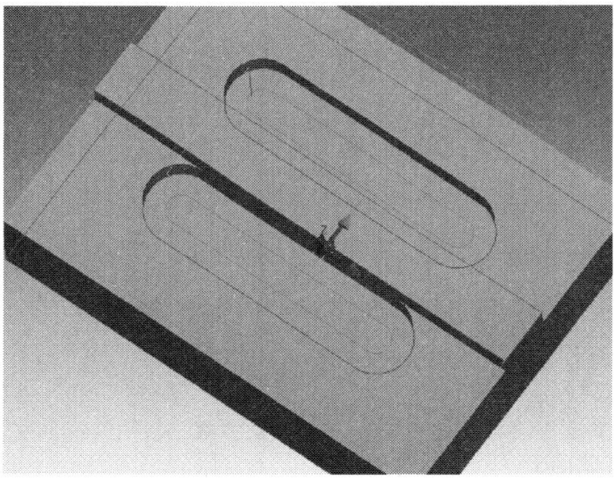

图 2-41 加工轨迹

6）单击菜单【加工】→【后置处理】→【生成 G 代码】，弹出“生成后置代码”对话框，如图 2-42 所示。选择要生成 G 代码的刀具轨迹，可以连续选择多条刀具轨迹。在“选择数控系统”下拉列表中选“fanuc”（图 2-42），单击“确定”按钮后在空白处右击，生成加工程序，如图 2-43 所示。

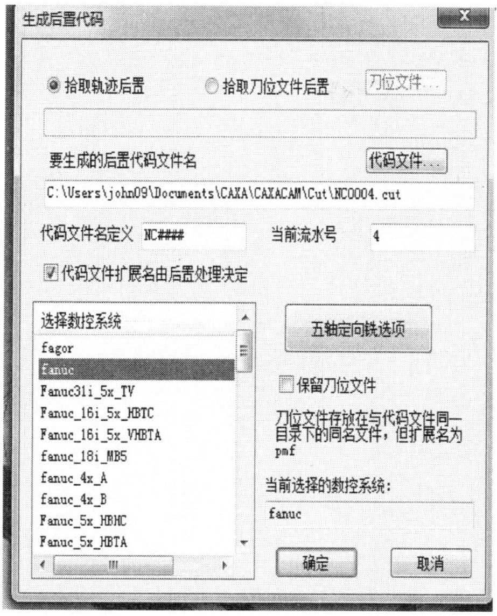

图 2-42 “生成后置代码”对话框

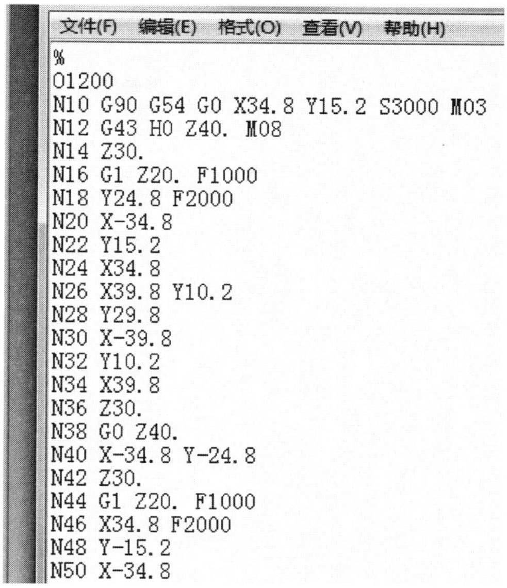


```
%
O1200
N10 G90 G54 G0 X34.8 Y15.2 S3000 M03
N12 G43 H0 Z40. M08
N14 Z30.
N16 G1 Z20. F1000
N18 Y24.8 F2000
N20 X-34.8
N22 Y15.2
N24 X34.8
N26 X39.8 Y10.2
N28 Y29.8
N30 X-39.8
N32 Y10.2
N34 X39.8
N36 Z30.
N38 G0 Z40.
N40 X-34.8 Y-24.8
N42 Z30.
N44 G1 Z20. F1000
N46 X34.8 F2000
N48 Y-15.2
N50 X-34.8
```

图 2-43 加工程序

【考核评价】

过程考核卡

项　　目	检查内容	评分标准	得分与点评		
			配分	得分	点评
知识掌握（30%）	基本知识（习题）	正确	10		
	知识运用	合理正确	20		
师生互动（20%）	教师提出问题并指定学生回答	学生回答问题正确	10		
	小组互动	小组完成任务	10		
工艺与程序（40%）	程序内容	正确	5		
	程序格式	规范	5		
	工艺	合理	10		
	程序参数	选择正确	10		
	指令	选用合理	10		
团队协作（10%）	解决问题、完成任务	解决问题（及时、方法正确）、完成任务（顺利、完整）	10		
整改意见		整改措施			

【课后测评】

（一）判断题

1. 采用 G00 指令时各轴以各自的速度移动，不能保证各轴同时到达终点，因而联动直线轴的合成轨迹并不总是直线。

2. G00 为模态功能指令，不能由 G01、G02、G03 指令注销。（ ）

3. G17 平面上的顺时针圆弧插补指令格式为“G02 X __ Z __ R __ F __;”。（ ）

4. 编制整圆时，不能用 R，只能用 I、J、K 确定圆弧的圆心位置。（ ）

5.“G04 P3000;”与“G04 X3.0;”代表的意思相同。（ ）

（二）选择题（选出一个或多个正确答案）

1. 数控铣床中选择坐标平面的指令有（ ）。

   A. G17　　B. G18　　C. G19　　D. G20

2. 增量坐标值编程指令为（ ）。

   A. G80　　B. G81　　C. G90　　D. G91

3. 以下说法正确的是（ ）。

   A. G00 快速定位　　B. G01 直线插补

   C. G02 逆时针圆弧插补　　D. G03 顺时针圆弧插补

4. 在圆弧插补指令格式中当 I、J、K 和 R 同时指令时，（ ）有效。

   A. I　　B. J　　C. K　　D. R

5. 暂停指令“G04 P2000;”表示（ ）。

   A. 暂停时间为 2000s　　B. 暂停时间为 200s

   C. 暂停时间为 20s　　D. 暂停时间为 2s

任务二　加工轮廓类零件

【任务目标】

知识目标

1. 掌握数控铣床刀具补偿的基本格式。
2. 掌握数控铣床刀具补偿的使用方法。

技能目标

1. 采用刀具半径补偿方式编写数控铣削加工程序。
2. 设定刀具半径补偿的方法。

【任务描述】

序号	具体任务内容	任务要求
1	数控铣床刀具补偿	掌握数控铣床刀具补偿的含义
2	编程方式	掌握数控铣床的编程方式
3	数控铣床的刀具补偿指令	掌握 G43、G44、G49、G41、G42、G40 指令的编程格式及使用方法

图 2-44 所示为轮廓类零件加工任务图。

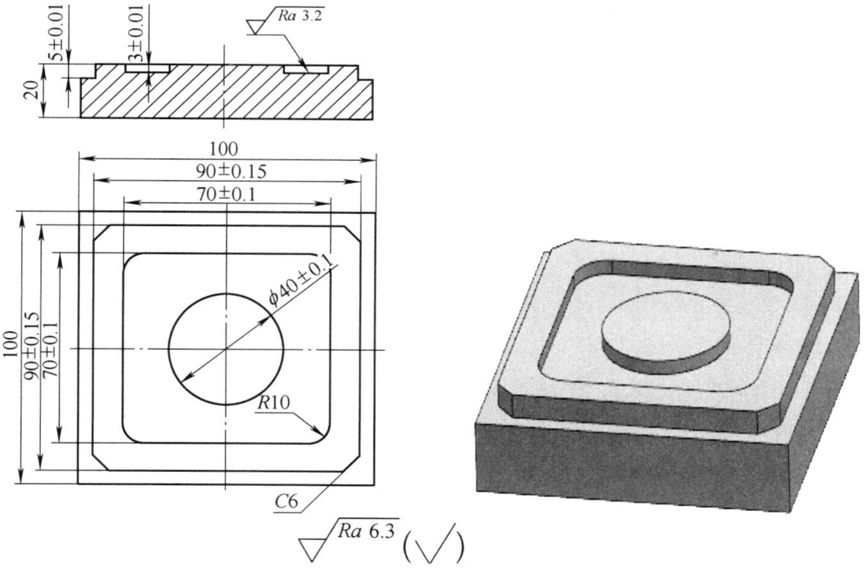

图 2-44　轮廓类零件加工任务图

【知识储备】

使用刀具补偿功能指令对工件进行编程时，无需考虑刀具长度或刀具半径，可以直接根据零件图样尺寸进行编程。

（一）刀具长度补偿功能

1. 刀具长度补偿功能在数控铣床上的应用及其意义

在数控铣床上应用刀具长度补偿功能主要是为了补偿刀具的磨损，下面结合实例进行说明。

如图 2-45a 所示，要求加工孔深为 h，而钻头的进给深度为 H，钻头因磨损或重磨而在长度方向的尺寸缩短了一个 e 值。如钻头进给深度仍为 H，则钻头所钻深度就会减少一个 e 值（图 2-45b），使加工孔深变为 $h-e$。要改变这一状况，达到加工尺寸要求，靠改变加工程

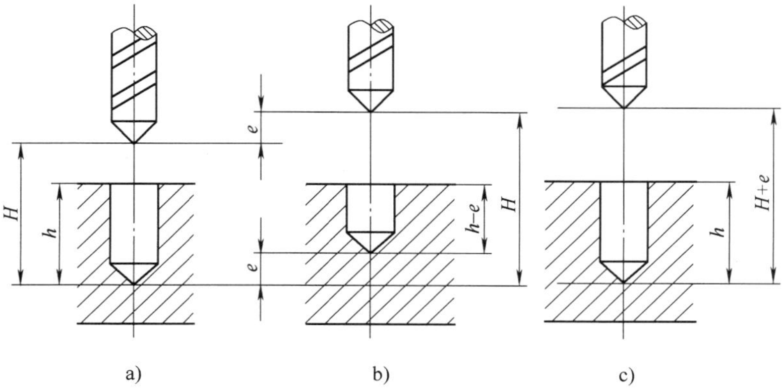

图 2-45　刀具长度补偿

序是比较麻烦的，但如果使用刀具长度补偿功能指令就可以方便地解决这一问题。

刀具长度补偿功能可使刀具在补偿轴上的实际位移量比程序给定值增加或减少一个偏置量。使用刀具长度补偿指令后，可以让刀具的实际进给量比程序给定值多运行一个 e 值（图 2-45c），即为 $H+e$，以补偿刀具长度的变化，使孔深仍为 h，所钻孔的深度仍然满足要求。这样不用修改程序即可加工出要求的孔深。采用刀具长度补偿指令后，当刀具长度发生变化或更换刀具时，不必重新修改程序，只要改变相应的补偿值即可。

2. 刀具长度补偿指令

（1）刀具长度补偿的建立　该功能使补偿轴的实际终点坐标值（或位移量）等于程序给定值加上或减去补偿值，即实际位移量＝程序给定值±补偿值。其中，相加称为刀具长度正向补偿，用 G43 指令；相减称为刀具长度负向补偿，用 G44 指令。它们均为模态指令。

指令格式：

$$\left.\begin{matrix}G17\\G18\\G19\end{matrix}\right\}\left\{\begin{matrix}G43\\ \\G44\end{matrix}\right\}\left\{\begin{matrix}Z\_\_\\Y\_\_\\X\_\_\end{matrix}\right\}H\_\_;\text{ 或 }\left.\begin{matrix}G17\\G18\\G19\end{matrix}\right\}\left\{\begin{matrix}G43\\ \\G44\end{matrix}\right\}H\_\_;$$

其中，X、Y、Z 为补偿轴的编程坐标；G17、G18、G19 指令选择与补偿轴垂直的坐标平面；H 为指定的偏置号（即刀具长度补偿号的代码），它是存放刀具长度补偿值的内存地址。H00 的补偿值固定为 0。

当省略补偿轴时，指令格式：

$$\left.\begin{matrix}G17\\G18\\G19\end{matrix}\right\}\left\{\begin{matrix}G43\\ \\G44\end{matrix}\right\}G91\left.\begin{matrix}Z0\\Y0\\X0\end{matrix}\right\}H\_\_;$$

说明：

1）机床通电后默认为取消刀具长度补偿状态。

2）在指定的坐标平面内使用 G43 或 G44 指令进行刀具长度补偿时，只能有第三轴（G17 为 Z 轴，G18 为 Y 轴，G19 为 X 轴）的移动，若有其他轴向的移动，则会出现报警。

3）刀具长度补偿只在线性程序段才有效，即 G00 和 G01 方式。

4）实际使用时，鉴于习惯，一般仅使用 G43 指令，而 G44 指令使用得较少。正或负方向的移动，靠变换 H 代码的正负值来实现。

5）补偿值存入由 H 代码指定的内存地址中，可由 CRT/MDI 操作面板预先设定。

（2）刀具长度补偿的取消　取消刀具长度补偿有两种方法：一种是用 H00 取消，H00 地址中的值总是为零；另一种是用 G49 代码取消，G49 是取消刀具长度补偿的代码，作用是使模态代码 G43、G44 无效，但不会取消 H 代码。

3. 刀具长度补偿示例

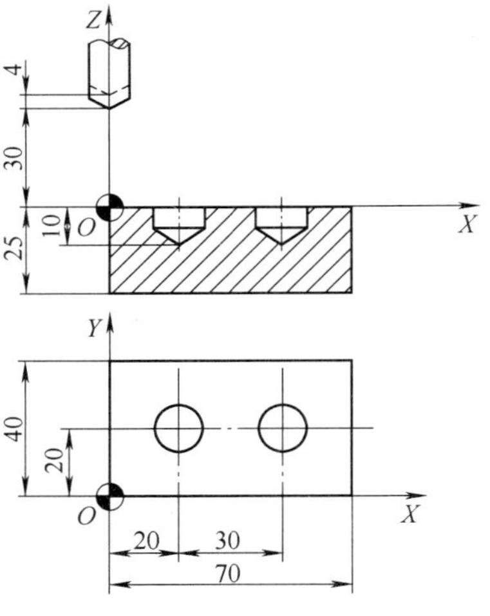

图 2-46　孔加工示例

如图 2-46 所示，要加工两个孔，考虑了刀具长度补偿的加工程序如下：

数控系统无法正确计算程序中刀具轨迹交点的坐标，可能产生过切现象。

5）在补偿状态下，铣刀的直线移动量及铣削内侧圆弧的半径值要大于或等于刀具半径，否则补偿时会产生干涉，系统在执行相应程序段时将会产生报警，停止执行。

6. 刀具半径补偿示例

如图 2-50 所示，已知零件为 5mm 厚的铝板，编写该零件的精加工程序。加工刀具为直径为 ϕ10mm 的立铣刀；安全高度为 10mm；切削用量：主轴转速为 600r/min，进给速度为 300mm/min；采用顺铣，上平面设为 Z0。

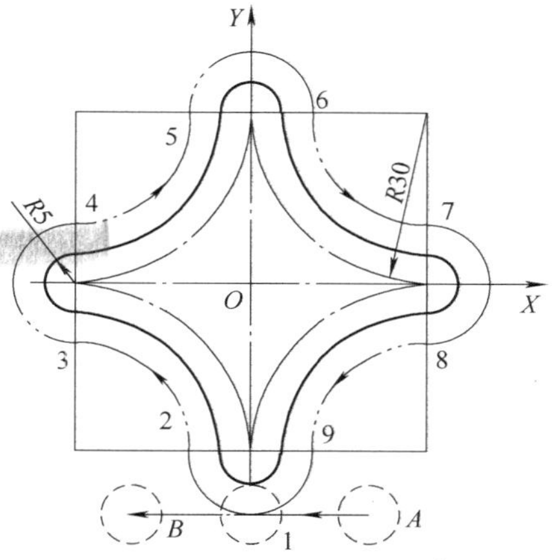

图 2-50　中心轮廓加工示例

编写的精加工程序见表 2-4。

表 2-4　中心轮廓的精加工程序

程　序	说　明
O0003；	程序号
N10 G54 G90 G00 X20. 0 Y-40. 0 Z100. 0；	设定工件坐标系，快速定位到起点
N20 S600 M03；	起动主轴
N30 Z10. 0	定位到安全高度
N40 G01 Z-5. 0 F300；	下刀深度为 5mm
N50 M08；	切削液开
N60 G41 X0. Y-35. 0 D01；	建立刀具半径左补偿
N70 G02 X-5. 0 Y-30. 0 R5. 0；	铣 *R*5mm 圆弧到达 2 点
N80 G03 X-30. 0 Y-5. 0 R30. 0；	铣 *R*30mm 圆弧到达 3 点
N90 G02 Y5. 0 R5. 0；	铣 *R*5mm 半圆到达 4 点
N100 G03 X-5. 0 Y30. 0 R30. 0；	铣 *R*30mm 圆弧到达 5 点
N110 G02 X5. 0 R5. 0；	铣 *R*5mm 半圆到达 6 点
N120 G03 X30. 0 Y5. 0 R30. 0；	铣 *R*30mm 圆弧到达 7 点
N130 G02 Y-5. 0 R5. 0；	铣 *R*5mm 半圆到达 8 点
N140 G03 X5. 0 Y-30. 0 R30. 0；	铣 *R*30mm 圆弧到达 9 点
N150 G02 X0 Y-35. 0 R5. 0；	铣 *R*5mm 圆弧到达起点
N160 G40 G01 X-20. 0；	取消刀具半径补偿
N170 G00 Z100. 0 M09；	切削液关，快速回到起始点
N180 M05；	主轴停
N190 M30；	程序结束

【任务实施】

实施方案一　手工编程

任务分析

在完成该任务的编程时，由于零件轮廓的轨迹与刀具刀位点的轨迹不一致。因此需采用刀具半径补偿方式进行编程。选择在数控铣床上加工图 2-44 所示的轮廓类零件（毛坯材料为铸铁，尺寸为 110mm×110mm×30mm），单边余量为 0.2mm。

为保证加工质量，在加工过程中需选用合适的加工刀具和切削用量。

实施步骤

（一）任务准备

1）准备与数控技术与操作相关的教学资料，包括教材、教参、多媒体课件、视频文件、工作任务书等。

2）准备教学用辅具、平面轮廓类零件毛坯及刀具。

3）准备相关工艺生产资料。

4）安全文明教育。

（二）工艺分析

1. 零件图样分析

从图 2-44 中可以看出加工内容较为简单，主要为加工直线轮廓和圆弧形轮廓。

2. 确定工件的安装与加工方法

（1）选择数控机床　本任务选择的机床为 FANUC 0i MA 系统铣床。

（2）确定工件的安装方式　用机用虎钳装夹。

3. 选择刀具与铣削用量

（1）选择刀具　选择直径为 ϕ10mm 的高速钢立铣刀。

（2）选择铣削用量　切削用量推荐值：底座加工主轴转速 $n=600$r/min，进给速度 $v_f=300$mm/min；精加工主轴转速 $n=800$r/min，进给速度 $v_f=100$mm/min。

4. 加工工序

1）加工 100mm×100mm 的方形底座，如图 2-51 所示。

注意：也可将工件反向装夹，保证总高后，将多余部分切削掉。

2）加工 90mm×90mm 的方形轮廓，保证图样公差，如图 2-52 所示。

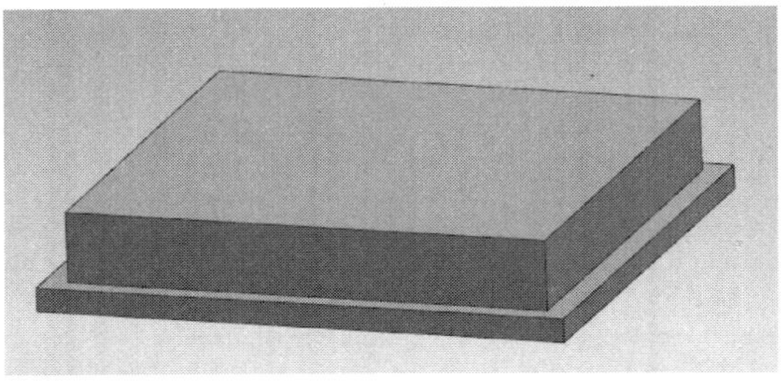

图 2-51　底座加工

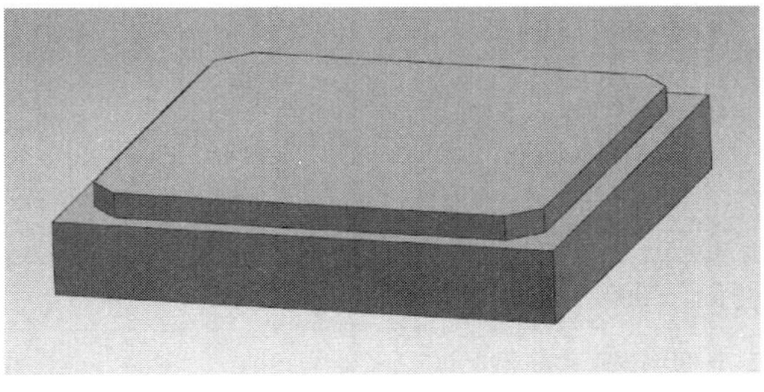

图 2-52　方形轮廓加工

3）加工 70mm×70mm 的方形内轮廓，如图 2-53 所示。

4）加工中间 ϕ40mm 的圆形凸台，如图 2-54 所示。

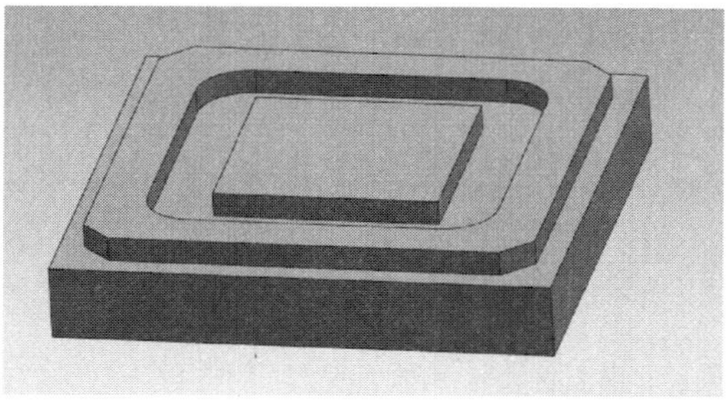

图 2-53　方形内轮廓加工

图 2-54　中间圆形凸台加工

（三）编制精加工数控程序

以工件上表面为 Z0，平面对称中心为工件编程原点。

底座精加工程序见表 2-5。

表 2-5　底座精加工程序

程　　序	说　　明
O0001;	程序号
N10 G54 G90 G00 X-60.0 Y-60.0 Z100.0;	设定工件坐标系，快速定位到起点
N20 S600 M03;	起动主轴
N30 Z5.0;	定位到安全高度
N40 G01 Z-15.0 F300;	下刀深度为 5mm
N50 M08;	切削液开
N60 G41 X-50.0 D01;	建立刀具半径左补偿
N70 G01 Y50.0;	加工外轮廓
N80 X50.0;	
N90 Y-50.0;	
N100 X-60.0;	
N110 G40 G00 Y-60.0;	取消刀具半径补偿
N120 Z100.0;	快速回到起始点
N130 M09;	切削液关
N140 M05;	主轴停
N150 M30;	程序结束

90mm×90mm 外轮廓精加工程序见表 2-6。

表 2-6　90mm×90mm 外轮廓精加工程序

程　　序	说　　明
O0002;	程序号
N10 G54 G90 G00 X60.0 Y-60.0 Z100.0;	设定工件坐标系，快速定位到起点
N20 S800 M03;	起动主轴
N30 Z5.0;	定位到安全高度

（续）

程　　序	说　　明
N40 G01 Z-5.0 F100;	下刀深度为5mm
N50 M08;	切削液开
N60 G42 X45.0 D01;	建立刀具半径右补偿
N70 G01 Y39.0;	加工外轮廓
N80 X-39.0;	
N90 X-45.0 Y39.0;	
N100 Y-39.0;	
N110 X-39.0 Y-45.0;	
N120 X39.0;	
N130 X45.0 Y-39.0;	
N140 G40 G00 X60.0;	取消刀具半径补偿
N150 Z100.0;	快速回到起始点
N160 M09;	切削液关
N170 M05;	主轴停
N180 M30;	程序结束

70mm×70mm 内轮廓精加工程序见表 2-7。

表 2-7　70mm×70mm 内轮廓精加工程序

程　　序	说　　明
O0003;	程序号
N10 G90 G54 G00 X0 Y-28.0 Z100.0;	设定工件坐标系，快速定位到起点
N20 S800 M03;	起动主轴
N30 Z5.0;	定位到安全高度
N40 G01 Z-3.0 F100;	下刀深度为3mm
N50 G41 X-7.0 D01;	建立刀具半径左补偿
N60 G03 X0 Y-35.0 R7.0;	加工外轮廓
N70 G01 X25.0;	
N80 G03 X35.0Y-25.0 R10.0;	
N90 G01 Y25.0;	
N100 G03 X25.0 Y35.0 R10.0;	
N110 G01 X-25.0;	
N120 G03 X-35.0 Y25.0 R10.0;	
N130 G01 Y-25.0;	
N140 G03 X-25.0 Y-35.0 R10.0;	
N150 G01 X0;	
N160 G03 X7.0 Y28.0 R7.0;	

（续）

程　　序	说　　明
N170 G40 G01 X0;	取消刀具半径补偿
N180 Z5.0;	
N190 G00 Z100.0;	快速回到起始点
N200 M05;	主轴停
N210 M30;	程序结束

中间 ϕ40mm 圆形凸台精加工程序见表 2-8。

表 2-8　中间 ϕ40mm 圆形凸台精加工程序

程　　序	说　　明
O0004;	程序号
N10 G54 G90 G00 X5.0 Y25.0 Z100.0;	设定工件坐标系，快速定位到起点
N20 S800 M03;	起动主轴
N30 Z5.0;	定位到安全高度
N40 G01 Z-3.0 F100;	下刀深度为 5mm
N50 M08;	切削液开
N60 G41 X7.0 D01;	建立刀具半径左补偿
N70 G03 X0.0 Y-20.0 R7.0;	
N80 G02 I0 J20.0;	加工外轮廓（*R*7mm 圆弧切入、切出）
N90 G03 X-7.0 Y-27.0 R7.0;	
N100 G40 G00 Y-27.0;	取消刀具半径补偿
N110 Z100.0;	快速回到起始点
N120 M09;	切削液关
N130 M05;	主轴停
N140 M30;	程序结束

小组讨论

如果对本任务零件进行粗加工，则铣削用量如何选择，程序如何编制？

实施方案二　CAXA 自动编程

（一）实体造型

1）单击“特征管理”栏中的“平面 XY”按钮，再按<F2>键进行草图绘制。

2）单击菜单【造型】→【曲线生成】→【矩形】，或直接单击“曲线生成”栏中的“矩形”按钮，弹出立即菜单。单击立即菜单中的中心_长_宽选项，输入长度、宽度均为 100。按状态栏提示拾取坐标原点为矩形中心点，右击结束命令，绘制的草图如图 2-55 所示。然后按<F2>键退出草图。

3）单击菜单【造型】→【特征生成】→【增料】→【拉伸】，或直接单击“特征生成”栏中的“拉伸增料”按钮，在“拉伸”对话框中选择“固定深度”，深度为15，拾取矩形草图（草图0）为拉伸对象，单击“确定”按钮，生成拉伸实体，如图2-56所示。

图2-55 矩形草图

图2-56 拉伸实体

4）单击菜单【造型】→【特征生成】→【基准面】，或直接单击“特征生成”栏中的“基准面”按钮，生成立即菜单；在“构造基准面”对话框中，构造方法选择“等距平面确定基准平面”，构造条件选择“XY平面”，输入距离15。单击“确定”按钮，生成基准平面“平面4”。

5）选中特征树中构造的“平面4”，右击选择“创建草图”，按<F2>键进入草图绘制状态。

6）单击工具栏中的“矩形”按钮，以原点为矩形中心做长、宽均为90的矩形；然后再以原点为中心，做长、宽均为70的矩形；单击工具栏中的“整圆”按钮，选择“圆心，半径”选项，以坐标系原点为圆心，按状态栏提示输入半径20，如图2-57所示，右击生成半径为20的圆。

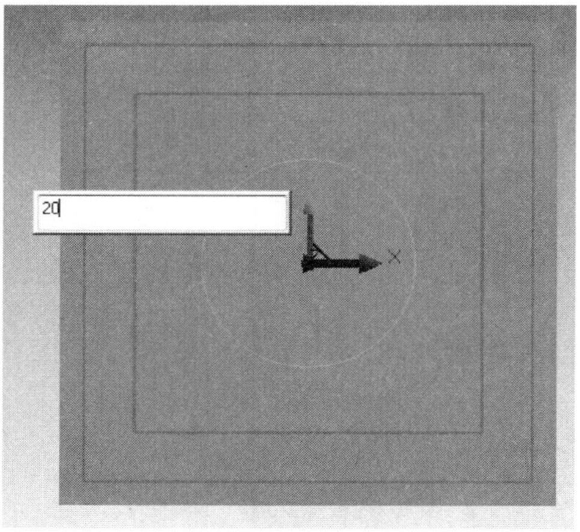

图2-57 矩形和圆草图

7）完成后按<F2>键退出草图，单击“拉伸增料”按钮，选择拉伸类型为“固定深度”，深度为5，拉伸对象为“草图2”，单击“确定”按钮，生成拉伸实体，如图2-58所示。

8）单击工具栏中的“倒角”按钮，弹出立即菜单，输入距离为6，角度为45°，倒角需要的四条边为长、宽均为90的矩形的四条边，单击“确定”按钮，生成的实体倒角如图2-59所示。

图 2-58　拉伸实体

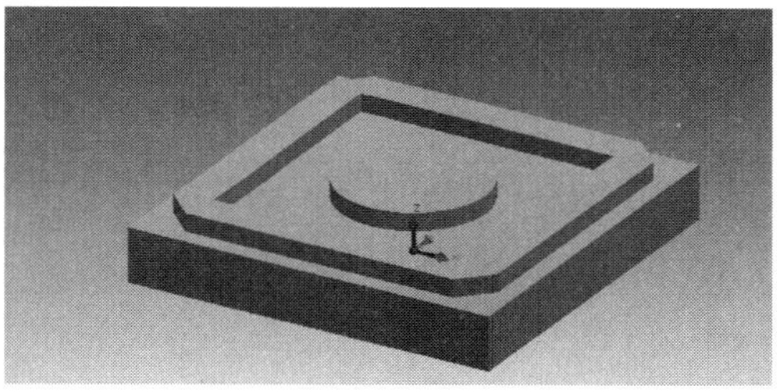

图 2-59　实体倒角

9）单击工具栏中的“过渡”按钮，弹出“过渡”对话框，输入半径 10，拾取长、宽均为 70 的矩形的四条边，拾取完成后单击“确定”按钮，生成的实体过渡如图 2-60 所示。

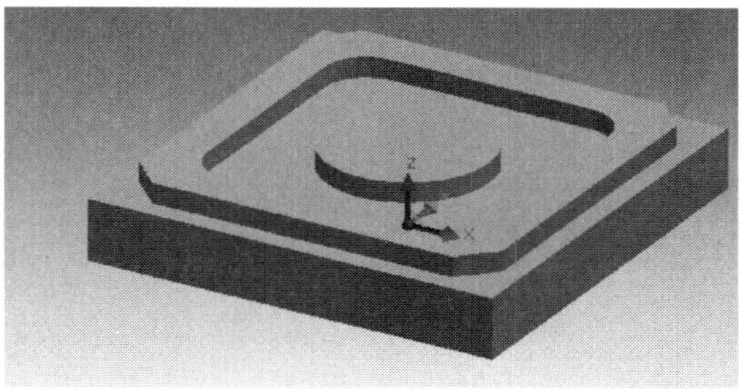

图 2-60　实体过渡

（二）实体加工

1）定义毛坯。

①选择特征树中的“加工管理”选项，双击特征树中的“毛坯”，弹出“毛坯定义”对话框，如图 2-61 所示。

②单击“拾取两角点”按钮，基准点的 X 坐标为-50，Y 坐标为-50，Z 坐标为 0；长宽高的长为 100，宽为 100，高为 20。或单击“参照模型”按钮，调整完后单击“确定”按钮，生成的毛坯图形如图 2-62 所示。

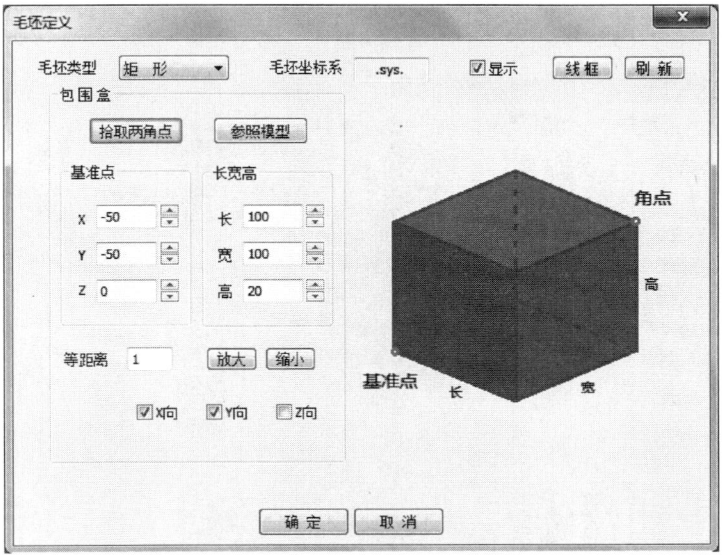

图 2-61　“毛坯定义”对话框

2）单击菜单【造型】→【曲线生成】→【相关线】，或直接单击“曲线生成”栏中的“相关线”按钮，弹出立即菜单，选择“实体边界”命令。单击拾取相关线（分别是边长为100的矩形，边长为90的矩形，边长为70的矩形和半径为20的圆），如图2-63所示。

3）单击菜单【加工】→【粗加工】→【平面区域粗加工】，或直接单击工具栏中的“平面区域粗加工”按钮，在弹出的“平面区域粗加工”对话框中单击“加工参数”等标签，按图2-64~图2-67所示设置各选项卡，其他选项卡均不用设置。

图2-62　毛坯图形

图2-63　相关线

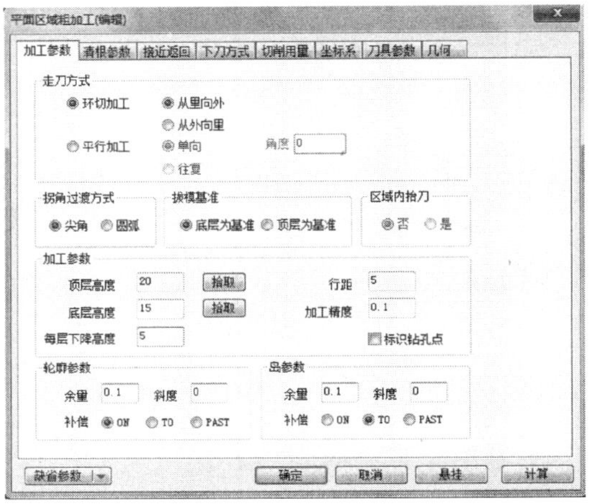

图2-64　加工参数

图2-65　清根参数

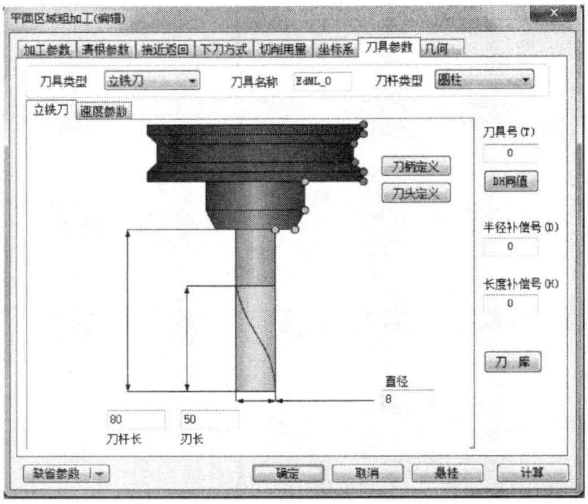

图2-66　刀具参数

图2-67中“轮廓曲线”选取边长为100的矩形，“岛屿曲线”选取边长为90的矩形，如图2-68所示。完成后单击“确定”按钮，生成加工轨迹，如图2-69所示。

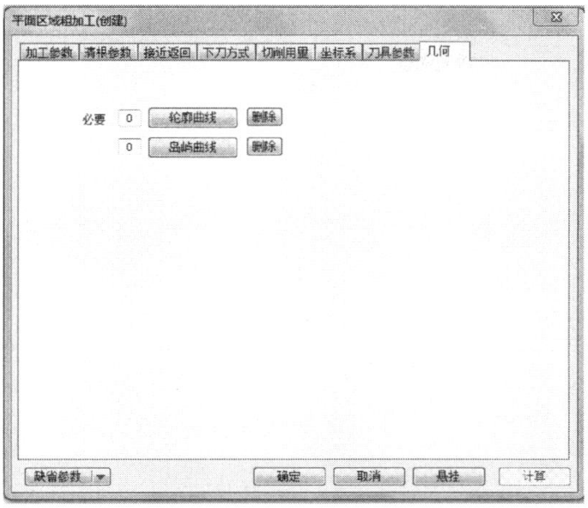

图 2-67　几何

图 2-68　选取轮廓曲线和岛屿曲线

4）单击菜单【加工】→【粗加工】→【平面区域粗加工】，或直接单击工具栏中的“平面区域粗加工”按钮，弹出“平面区域粗加工”对话框，将“加工参数”选项卡中“轮廓参数”选项区的“补偿”单选按钮改为选中“TO”，其他设置同上次粗加工。“刀具参数”选项卡中刀具直径改为“10”。“几何”选项卡中“轮廓曲线”选取边长为 70 的矩形，“岛屿曲线”选取半径为 20 的圆，设置完成后单击“确定”按钮，生成加工轨迹，如图 2-70 所示。

图 2-69　加工轨迹

图 2-70　加工轨迹

5）单击菜单【加工】→【精加工】→【平面轮廓精加工】，或直接单击工具栏中的“平面轮廓精加工”按钮，在弹出的“平面轮廓精加工”对话框中单击“加工参数”等标签，按图 2-71～图 2-73 所示设置各选项卡，其他各选项卡均不用设置。

图 2-73 中“轮廓曲线”拾取边长为 90 的矩形，设置完成后单击“确定”按钮，生成加工轨迹，如图 2-74 所示。

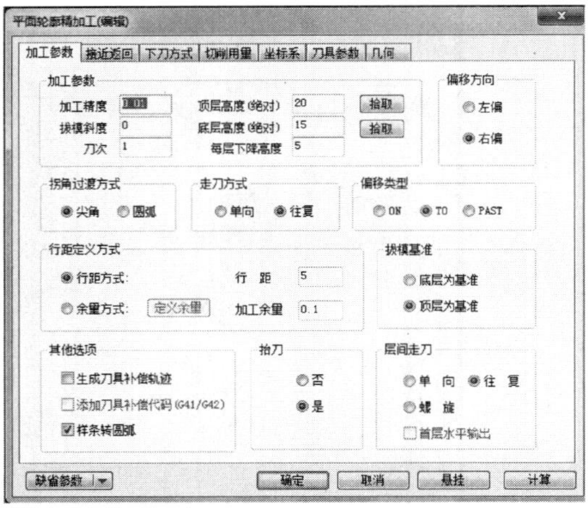

图 2-71 加工参数

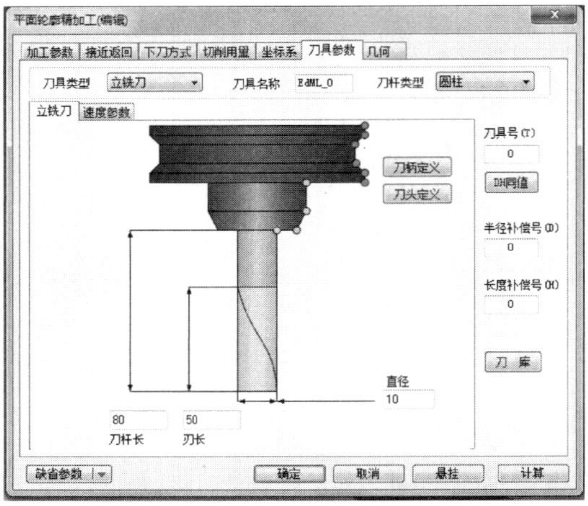

图 2-72 刀具参数

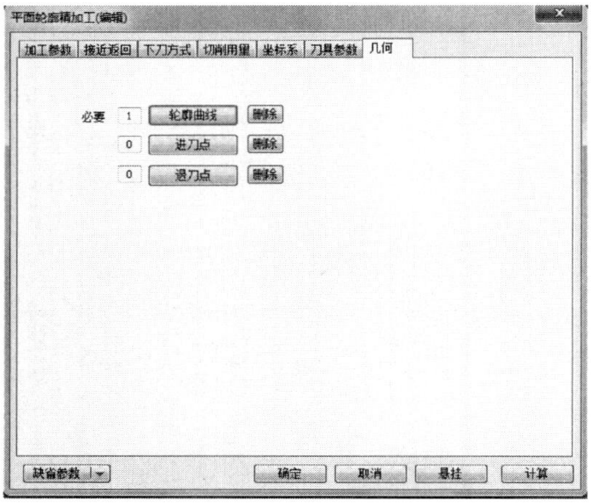

图 2-73 几何

图 2-74 加工轨迹

6）单击菜单【造型】→【曲面生成】→【实体表面】，或直接单击工具栏中的“实体表面”按钮，拾取矩形和圆之间的区域，右击结束，生成曲面如图 2-75 所示。

7）单击菜单【加工】→【精加工】→【曲面区域精加工】，或直接单击工具栏中的“曲面区域精加工”按钮，在弹出的“曲面区域精加工”对话框中单击“加工参数”等标签，按图 2-76~图 2-78 所示设置各选项卡。

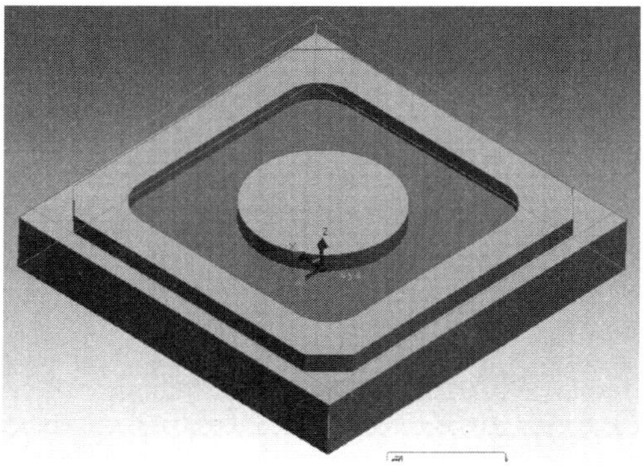

图 2-75 生成曲面

图 2-78 中“加工曲面”为刚刚拾取的实体表面，“轮廓曲线”拾取边长为 70 的矩形，“岛屿曲线”拾取半径为 20 的圆，设置完成

后单击“确定”按钮，生成加工轨迹，如图 2-79 所示。

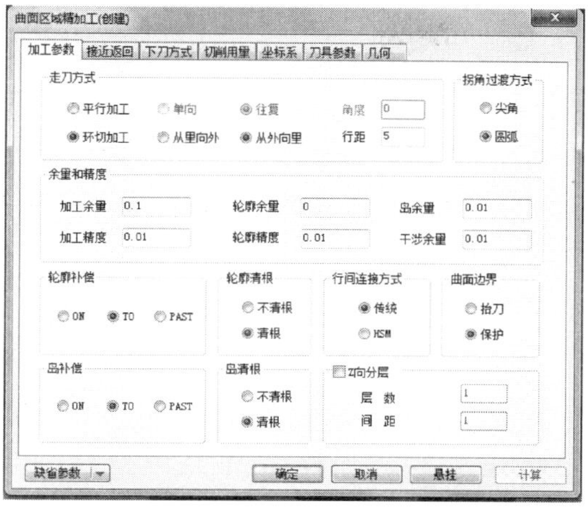

图 2-76　加工参数

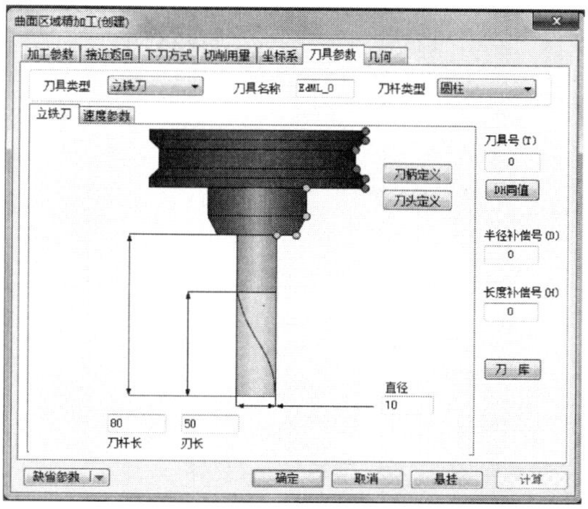

图 2-77　刀具参数

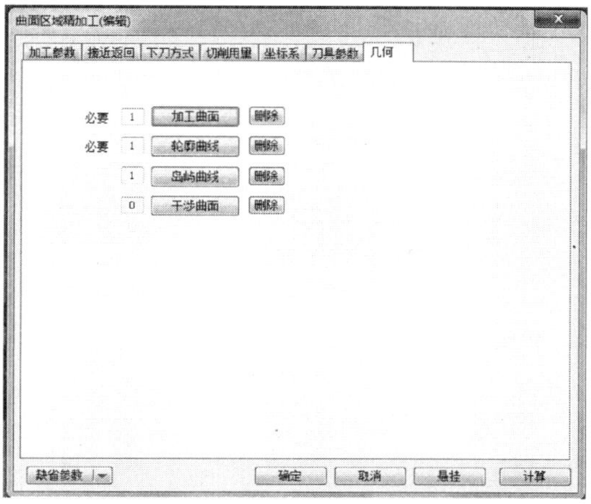

图 2-78　几何

图 2-79　加工轨迹

8）总加工轨迹如图 2-80 所示。

9）单击菜单【加工】→【后置处理】→【生成 G 代码】，弹出“生成后置代码”对话框，如图 2-81 所示。选择要生成 G 代码的刀具轨迹，可以连续选择多条刀具轨迹。在“选择数控系统”下拉列表中选“fanuc”（图 2-81），单击“确定”按钮后在空白处右击，生成加工程序，如图 2-82 所示。

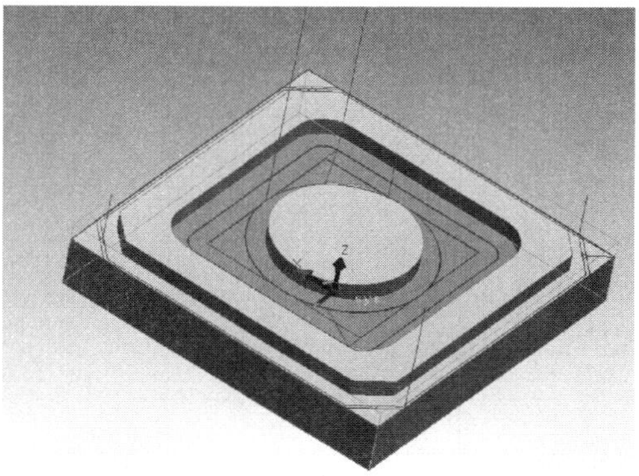

图 2-80　总加工轨迹

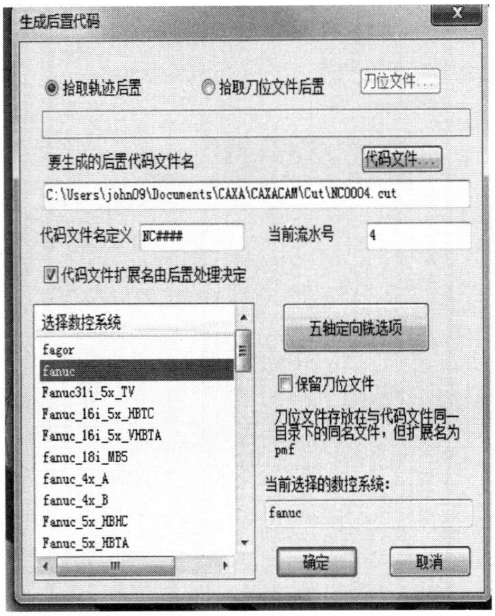

图 2-81 “生成后置代码”对话框

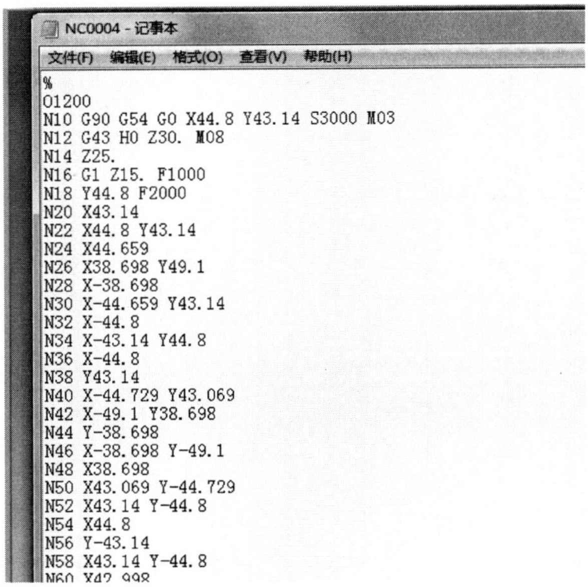

图 2-82 加工程序

【考核评价】

过程考核卡

项目	检查内容	评分标准	得分与点评		
			配分	得分	点评
知识掌握（30%）	基本知识（习题）	正确	10		
	知识运用	合理正确	20		
师生互动（20%）	教师提出问题并指定学生回答	学生回答问题正确	10		
	小组互动	小组完成任务	10		
工艺与程序（40%）	程序内容	正确	5		
	程序格式	规范	5		
	工艺	合理	10		
	程序参数	选择正确	10		
	指令	选用合理	10		
团队协作（10%）	解决问题、完成任务	解决问题（及时、方法正确）、完成任务（顺利、完整）	10		
整改意见		整改措施			

【课后测评】

（一）判断题

1. 刀具长度补偿功能可使刀具在补偿轴上的实际位移量比程序给定值增加或减少一个偏置值。　　（　　）

2. 刀具长度补偿只能在线性程序段有效，即 G02 和 G03 方式。　　（　　）

3. 刀具半径补偿功能可以使系统自动计算出偏离了一定距离的刀具中心运动轨迹，大大简化编程。　　（　　）

4. 取消刀具长度补偿可用 H00。　　（　　）

5. D 为刀具半径补偿号，从开始取消偏置方式到刀具半径补偿以前，D 代码在任何地方指令都可以。　　（　　）

（二）选择题（选出一个或多个正确答案）

1. 使用刀具补偿功能指令对工件进行编程时，无需考虑刀具（　　）或刀具（　　），可以直接根据图样尺寸进行编程。

A. 长度　　B. 切削用量　　C. 半径　　D. 使用寿命

2. G49 是取消刀具长度补偿的代码，作用是使模态代码（　　）无效，但不会取消 H 代码。

A. G41　　B. G42　　C. G43　　D. G44

3. 当刀具中心轨迹沿前进方向位于零件轮廓的左边时，称为刀具半径（　　），用（　　）指令指定。

A. 左补偿　　B. G40　　C. 右补偿　　D. G41

4. 粗加工时的刀具偏置值 =（　　）+（　　）。

A. 刀具直径　　B. 刀具半径　　C. 精加工余量　　D. 刀具磨损量

5. 建立与取消刀具半径补偿只能在（　　）或（　　）方式下完成，并且刀具必须要移动。

A. G00　　B. G01　　C. G02　　D. G03

任务三　加工组合类零件

【任务目标】

知识目标

1. 掌握子程序的概念、格式和编程方法。
2. 掌握精加工余量的确定方法。
3. 掌握轮廓分层切削的加工方法。

技能目标

运用子程序编写数控铣加工程序。

【任务描述】

序号	具体任务内容	任务要求
1	子程序的概念、格式和编程方法	掌握 M98、M99 指令的格式及用法
2	精加工余量	掌握确定精加工余量的方法
3	轮廓分层切削	通过轮廓分层切削实现粗、精加工

图 2-83 所示为组合类零件加工任务图。

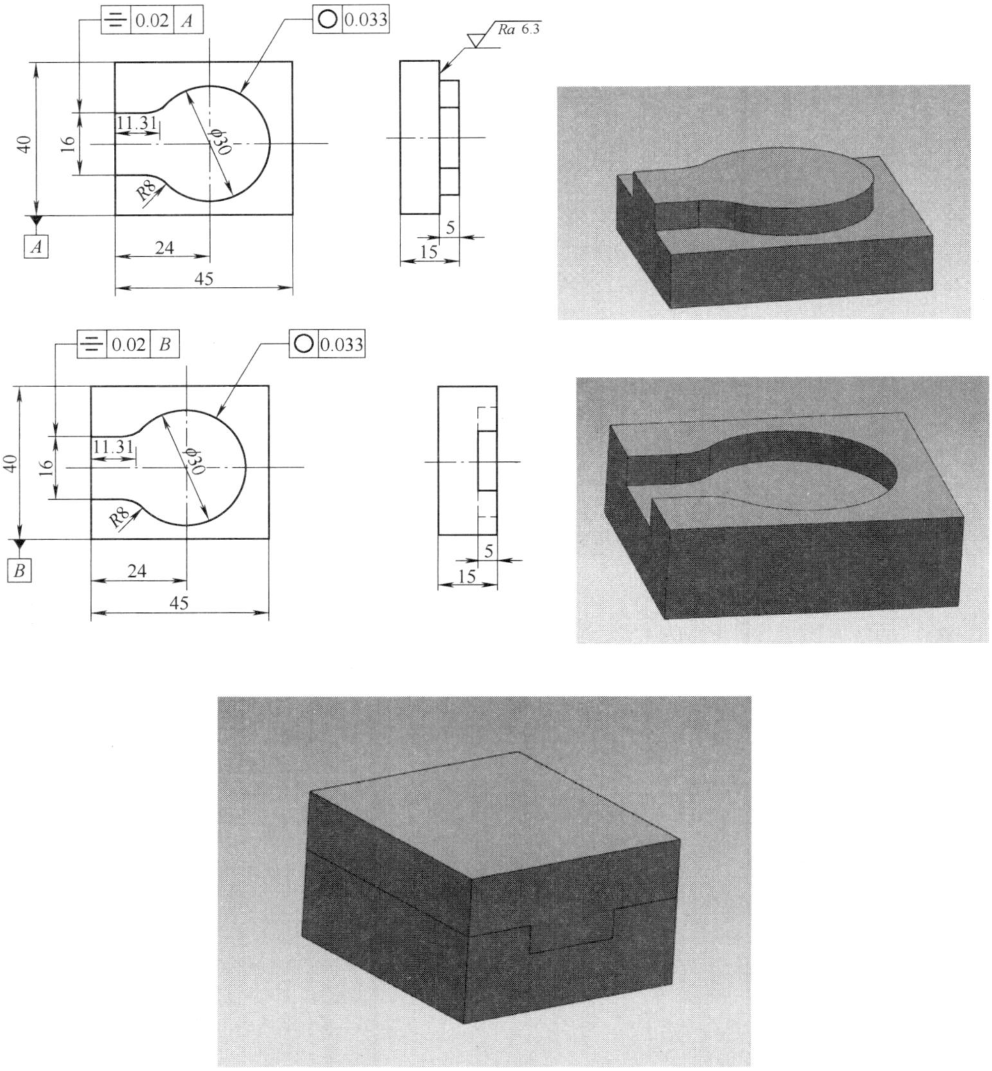

图 2-83　组合类零件加工任务图

【知识储备】

（一）子程序指令（M98、M99）

1. 子程序的概念

在一个程序中，如果包含有一连串在写法上相同或相似的内容时，为了简化程序，可把这些重复的程序段单独抽出，并按一定的格式编写成子程序，然后像主程序一样将它们存储到程序存储区中，其他程序可对其反复调用。子程序以外的加工程序称为主程序。

2. 子程序的调用与执行

现代数控系统一般都提供调用子程序功能，但子程序调用不是数控系统的标准功能，不同的数控系统所用的指令和格式不同。

（1）子程序的调用　子程序调用的指令格式：

M98　P＿　＿；

其中，M98 是子程序调用指令，在 M98 程序段中不得有其他指令出现；P 是调用子程序地址字符，P 后面最多可跟八位数字，前四位为子程序被重复调用的次数（在重新回到原程序继续处理前，子程序必须重复的次数），后四位为被调用子程序的程序号。当不指定重复次数时，子程序只调用一次，如 M98 P1010 表示调用一次程序号为 1010 的子程序。

（2）子程序的结构　一个完整的子程序的结构和主程序一样，也是由程序号、程序主体、程序结束指令组成的。

1）子程序号。子程序号的命名规则与主程序相同。

2）子程序主体。子程序主体是一个完整的加工过程程序，其格式和所用指令与主程序完全相同。

3）子程序结束指令。主程序和子程序在控制器中并存时，必须由不同的程序号进行区别，它们将被作为一个连续的程序处理，因此必须通过不同的指令代码对程序的结束功能加以区别：主程序结束指令的作用是结束主程序，立即取消所有程序的处理过程并使控制器复位，不允许程序再去执行后续的任何程序段，其指令字都已标准化了，各系统均采用 M30 或 M02；而子程序结束指令的作用是终止子程序，返回到调用该子程序的下一个程序段，其指令字各系统不统一，如日本 FANUC 系统使用 M99，德国 SINUMERIK 系统使用 M17，而美国 A-B 公司的系统则用 M02 等。

（3）子程序的执行　如图 2-84 所示，当程序执行到子程序调用 M98 指令后会转去执行程序号为 101 的子程序，当遇到 M99 指令时将返回到子程序调用指令 M98 之后下一个程序段继续运行。

3. 子程序的嵌套

主程序只调用一个子程序，而子程序不再调用另外一个子程序，这叫作一级嵌套。为了进一步简化程序，可以让子程序调用另一个子程序，这称为多级子程序嵌套。现代控制器最大允许四级嵌套，但在实际应用中很少需要四级嵌套，使用较多的是一级和二级嵌套。二级子程序嵌套的程序执行情况如图 2-84 所示。

4. 子程序的应用

1）一次装夹加工多个相同零件或一个零件中有几处形状相同、加工轨迹相同时，使用

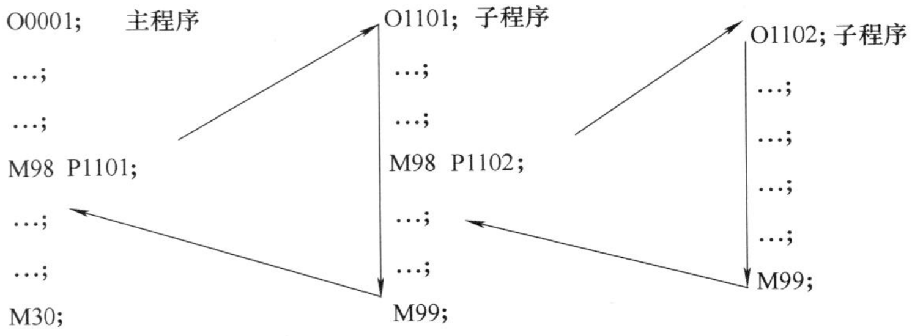

图 2-84　调用子程序的过程

子程序编程。

2）在轮廓的多次径向加工中使用子程序。轮廓的加工在径向可能要经过多次加工，即粗加工、半精加工到精加工。为简化编程，可采用子程序来编程。

3）在不同深度的轮廓加工中使用子程序。在轮廓加工中，除径向可能要经过多次加工外，深度方向可能需分几层进行加工，这时也可采用子程序来进行编程，通过改变刀具长度补偿值或直接指定背吃刀量进行多层加工。

（二）精加工余量的确定

1. 精加工余量的概念

精加工余量是指在加工过程中，所切去的金属层厚度。通常情况下，精加工余量由精加工一次切削完成。

加工余量有单边余量和双边余量之分。轮廓和平面的加工余量指单边余量，它等于实际切削的金属层厚度。而对于一些内圆和外圆等回转体表面，加工余量有时指双边余量，即以直径方向计算，实际切削的金属层厚度为加工余量的一半。

2. 影响精加工余量的因素

精加工余量的大小对零件的最终加工质量有直接影响。选取的精加工余量不能过大也不能过小。余量过大会增加切削力、切削热的产生，进而影响加工精度和加工表面质量；余量过小则不能消除上一道工序（或工步）留下的各种误差、表面缺陷和本工序的装夹误差，容易造成废品。因此应根据影响余量大小的因素合理地确定精加工余量。

影响精加工余量大小的因素主要有两个，即上一道工序（或工步）的各种表面缺陷、误差和本工序的装夹误差。

3. 精加工余量的确定方法

确定精加工余量的方法主要有以下三种：

（1）经验估算法　此方法是凭工艺人员的实践经验估计精加工余量。为避免因余量不足而产生废品，所估余量一般偏大，仅用于单件小批量生产。

（2）查表修正法　将工厂生产实践和试验研究积累的有关精加工余量的资料制成表格，并汇编成手册。确定精加工余量时，可先从手册中查得所需数据，然后再结合工厂的实际情况进行适当修正。这种方法目前应用广泛。

（3）分析计算法　采用此方法确定精加工余量时，需运用计算公式和一定的试验资料，对影响精加工余量的各种因素进行综合分析和计算来确定精加工余量。用这种方法确定的精加工余量比较经济合理，但必须有比较全面和可靠的试验资料。

4. 精加工余量的确定

用数控铣床加工时，采用经验估算法或查表修正法确定的精加工余量推荐值见表 2-9，表中轮廓指单边余量，孔指双边余量。

表 2-9　精加工余量推荐值　　（单位：mm）

加工方法	刀具材料	精加工余量	加工方法	刀具材料	精加工余量
轮廓铣削	高速钢	0.2~0.4	铰孔	高速钢	0.1~0.2
	硬质合金	0.3~0.6		硬质合金	0.2~0.3
扩孔	高速钢	0.5~1	镗孔	高速钢	0.1~0.5
	硬质合金	1~2		硬质合金	0.3~1.0

【任务实施】

实施方案一　手工编程

任务分析

由于该组合类零件由两个轮廓组成，即一个内轮廓和一个外轮廓，且每个轮廓相互独立，因此完成该任务的数控编程时，采用子程序编程较为合适。在编写子程序时，要特别注意刀具半径补偿在子程序中的编程方法。为保证加工质量，在加工过程中需选用合适的加工刀具、切削用量及精加工余量。选择在数控铣床上加工图 2-83 所示的组合类零件（毛坯材料为铸铁，尺寸为 45mm×40mm×15mm），运用子程序编写数控铣削加工程序。

实施步骤

（一）任务准备

1）准备与数控技术与操作相关的教学资料，包括教材、教参、多媒体课件、视频文件、工作任务书等。

2）准备教学用辅具、组合类零件毛坯及刀具。

3）准备相关工艺生产资料。

4）安全文明教育。

（二）工艺分析

1. 零件图样分析

从图 2-83 中可以看出，加工内容较为简单，主要为加工直线轮廓和圆弧形轮廓。

2. 确定工件的安装与加工方法

（1）选择数控机床　本任务选择的机床为 FANUC 0i MA 系统铣床。

（2）确定工件的安装方式　用机用虎钳装夹。

3. 选择刀具与铣削用量

（1）选择刀具　选择直径为 ϕ10mm 的高速钢立铣刀。

（2）选择铣削用量　切削用量推荐值：粗加工主轴转速 n = 700r/min，进给速度 v_f =

150mm/min；精加工主轴转速 $n=800\text{r/min}$，进给速度 $v_f=100\text{mm/min}$。

（3）精加工余量及 Z 向分层切削的确定

1）精加工余量的确定。根据表 2-9，采用高速钢铣刀加工轮廓的精加工余量可选择为 0.3mm。

2）Z 向分层切削的确定。采用调用子程序的方式进行 Z 向分层切削，每层切削 1mm，共切削 5 层。

4. 加工工序

该组合件为凸凹件配合，因为凸件相对凹件的走刀距离长，即凸件比凹件加工时间要长，所以以凸件为基准，配合间隙通过修正凹件调整。

1）加工凸件，如图 2-85 所示。

2）加工凹件，如图 2-86 所示。

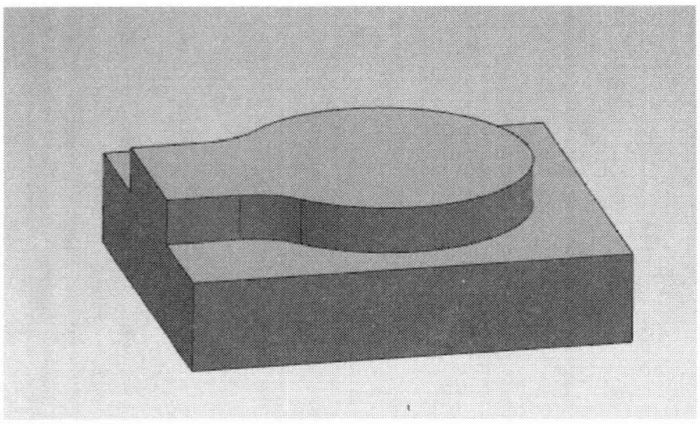

图 2-85　凸件加工

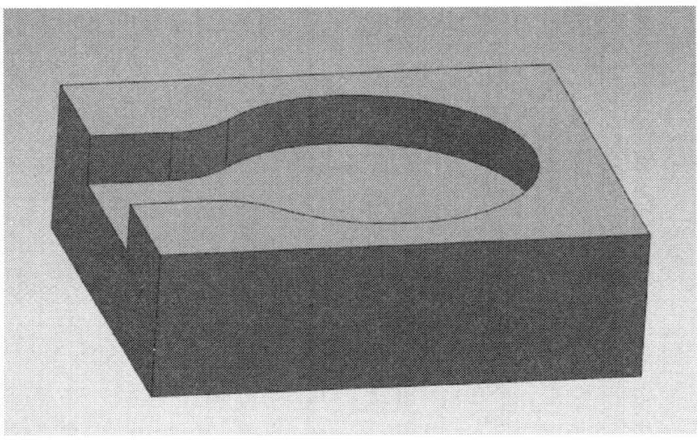

图 2-86　凹件加工

（三）编制数控铣加工程序

以工件上表面中心为 Z0，平面对称中心为工件编程原点。

凸件精加工程序见表 2-10。

表 2-10　凸件精加工程序

主　程　序	说　　明
O0001；	程序名
N10 G90 G54 G00 X-30.0 Y40.0 Z100.0；	定位
N20 S800 M03；	主轴旋转
N30 M08；	切削液开
N40 Z5.0；	下刀至安全平面
N50 G01 Z-1.0 F100；	下刀至第一层切削深度
N60 M98 P0002；	调用子程序 O0002
N70 G01 Z-2.0；	下刀至第二层切削深度
N80 M98 P0002；	调用子程序 O0002
N90 G01 Z-3.0；	下刀至第三层切削深度
N100 M98 P0002；	调用子程序 O0002
N110 G01 Z-4.0；	下刀至第四层切削深度
N120 M98 P0002；	调用子程序 O0002
N130 G01 Z-5.0；	下刀至第五层切削深度

（续）

主　程　序	说　　明
N140 M98 P0002；	调用子程序 O0002
N150 G00 Z100. 0；	抬刀
N160 M05；	主轴停止
N170 M09；	切削液关
N180 M30；	程序结束

子　程　序	说　　明
O0002；	子程序名
G01 G41 Y8. 0 D01；	建立刀具半径补偿
G01 X-22. 5；	切入
G01 X-11. 19，R8. 0；	切削轮廓使用“，R”用于倒角
G02 X-11. 19 Y-8. 0 R-15. 0 ，R8. 0；	
G01 X-22. 5；	
G01 X-30. 0；	切出
G40 G00 Y40. 0；	取消补偿回到子程序起点
M99；	子程序结束并返回主程序

凹件精加工程序见表 2-11。

表 2-11　凹件精加工程序

主　程　序	说　　明
O0003；	程序名
N10 G90 G54 G40 G00 X-40. 0 Y0 Z100. 0；	定位
N20 S800 M03；	主轴旋转
N30 M08；	切削液开
N40 G00 Z5. 0；	下刀至安全距离
N50 G01 Z-1. 0 F100；	下刀至第一层切削深度
N60 M98 P0004；	调用子程序 O0004
N70 G01 Z-2. 0；	下刀至第二层切削深度
N80 M98 P0004；	调用子程序 O0004
N90 G01 Z-3. 0；	下刀至第三层切削深度
N100 M98 P0004；	调用子程序 O0004
N110 G01 Z-4. 0；	下刀至第四层切削深度
N120 M98 P0004；	调用子程序 O0004
N130 G01 Z-5. 0；	下刀至第五层切削深度
N140 M98 P0004；	调用子程序 O0004
N150 G00 Z100. 0；	抬刀
N160 M05；	主轴停止

（续）

主 程 序	说 明
N170 M09；	切削液关
N180 M30；	程序结束
子 程 序	说 明
O0004；	子程序名
G01 G41 Y-8.0 D01；	建立刀具半径补偿
G01 X-22.5；	切入
G01 X-11.19，R8.0；	切削轮廓使用“，R”用于倒角
G03 X-11.19 Y8.0 R-15.0，R8.0；	
G01 X-22.5；	
G01 X-30.0；	切出
G40 G00 Y0；	取消补偿回到子程序起点
M99；	子程序结束并返回主程序

实施方案二 CAXA 自动编程

一、凸件加工步骤

（一）凸件实体造型（步骤略）

凸件的实体造型如图 2-87 所示。

（二）凸件加工过程

1）定义毛坯。

①选择特征树中的“加工管理”选项，双击特征树中的“毛坯”，弹出“毛坯定义”对话框，如图 2-88 所示。

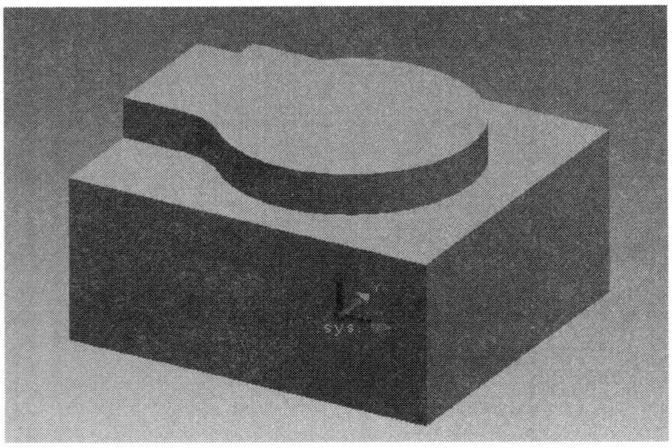

图 2-87 凸件的实体造型

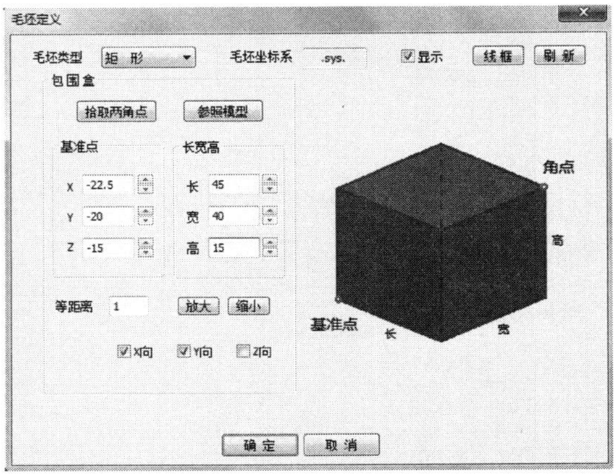

图 2-88 “毛坯定义”对话框

②单击“拾取两角点”按钮，基准点的X坐标为-22.5，Y坐标为-20，Z坐标为-15；长宽高的长为45，宽为40，高为15。或单击“参照模型”按钮，调整完后单击“确定”按钮，生成毛坯图形。

2）单击菜单【造型】→【曲线生成】→【相关线】，或直接单击“曲线生成”栏中的“相关线”按钮，弹出立即菜单，选择“实体边界”命令。按图2-89所示拾取相关线。

3）单击菜单【加工】→【粗加工】→【平面区域粗加工】，或直接单击工具栏中的“平面区域粗加工”按钮，在弹出的“平面区域粗加工”对话框中单击“加工参数”等标签，按图2-90和图2-91所示设置各选项卡，其他选项卡均不用设置。

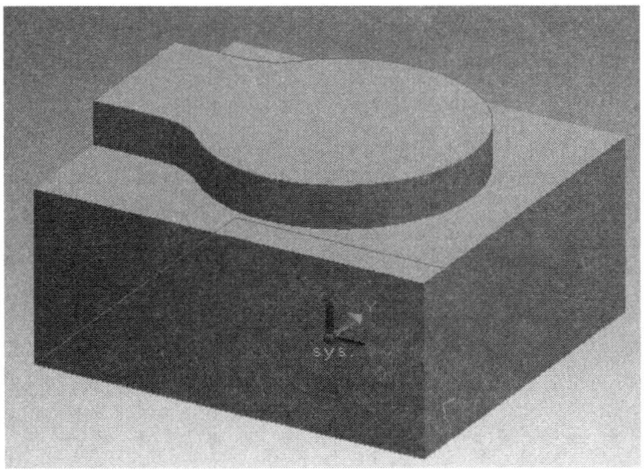

图2-89　相关线

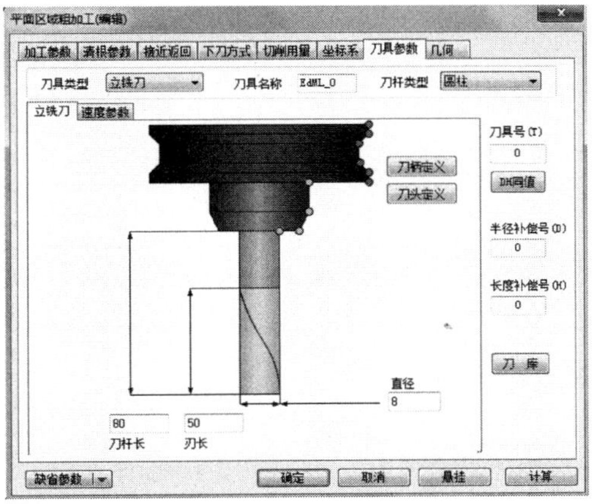

图2-90　刀具参数

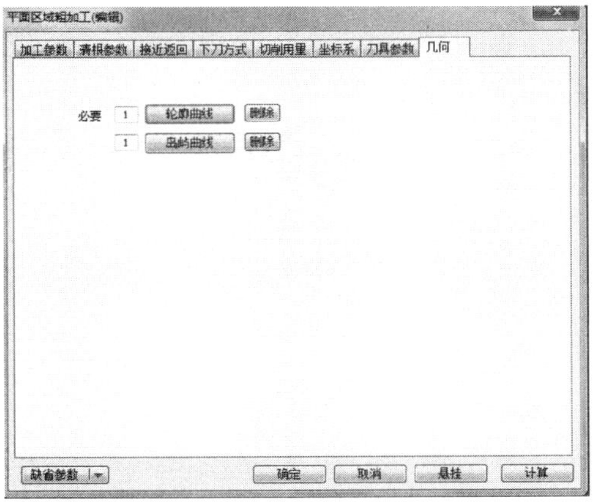

图2-91　几何

图2-89中“轮廓曲线”选取长为45、宽为40的矩形，“岛屿曲线”选取圆和矩形相切的几何图形，如图2-92所示。完成后单击“确定”按钮，生成加工轨迹，如图2-93所示。

4）单击菜单【加工】→【精加工】→【平面轮廓精加工】，或直接单击工具栏中的“平面轮廓精加工”按钮，在弹出的“平面轮廓精加工”对话框中单击“加工参数”等标签，按图2-94～图2-96所示设置各选项卡，其他选项卡均不用设置。

图2-94中“轮廓曲线”为圆与矩形相切的几何图形，进刀点、退刀点为默认设置，设置完成后单击“确定”按钮，生成加工轨迹，如图2-97所示。

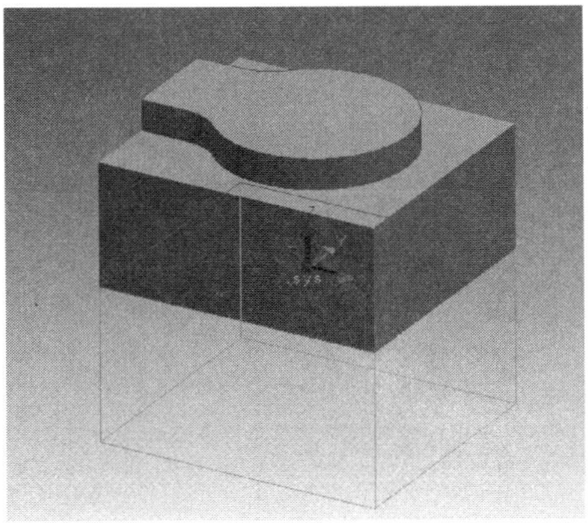

图2-92　选择轮廓曲线和岛屿曲线

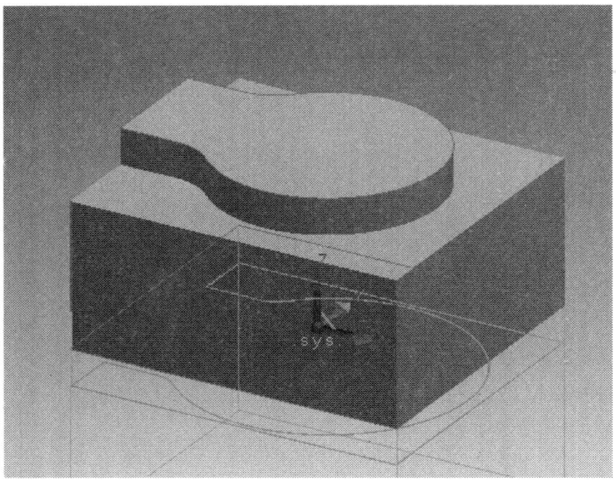

图 2-93　加工轨迹

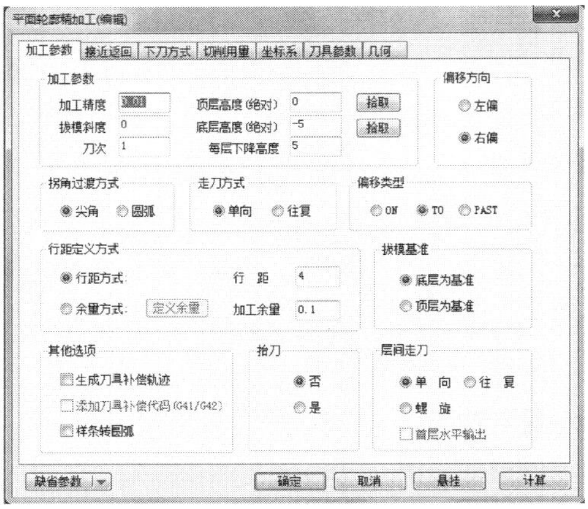

图 2-94　加工参数

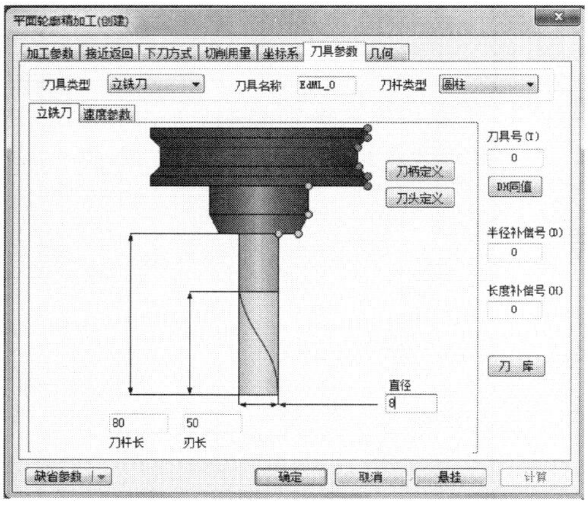

图 2-95　刀具参数

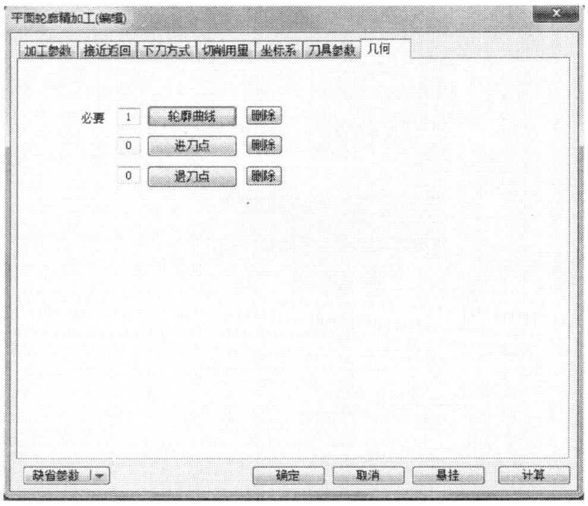

图 2-96　几何

5）总加工轨迹如图 2-98 所示。

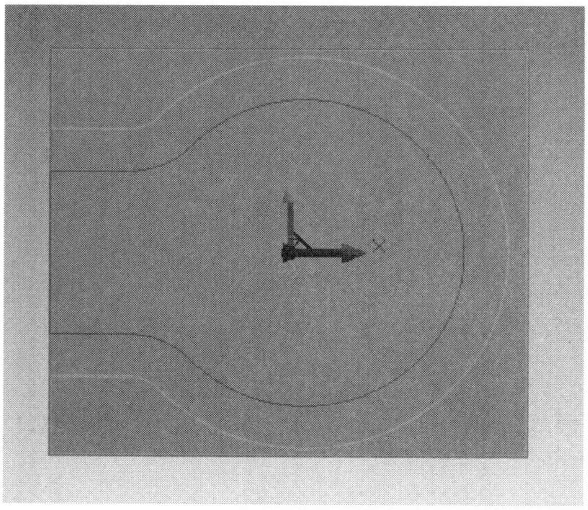

图 2-97　加工轨迹

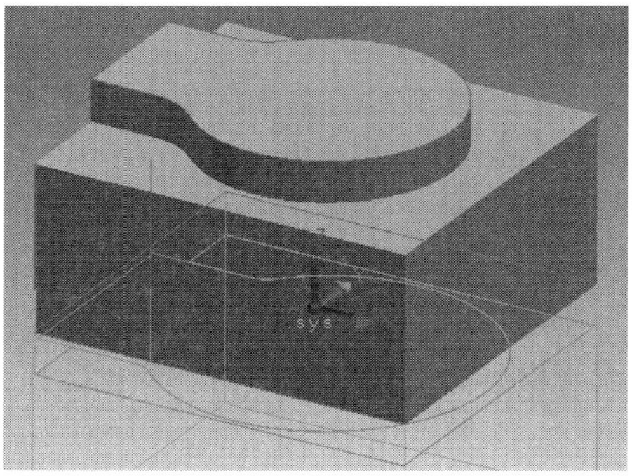

图 2-98　总加工轨迹

6）单击菜单【加工】→【后置处理】→【生成 G 代码】，弹出“生成后置代码”对话框，如图 2-99a 所示。选择要生成 G 代码的刀具轨迹，可以连续选择多条刀具轨迹。在“选择数控系统”下拉列表中选择“fanuc”，单击“确定”按钮后在空白处右击，生成加工程序，如图 2-99b 所示。

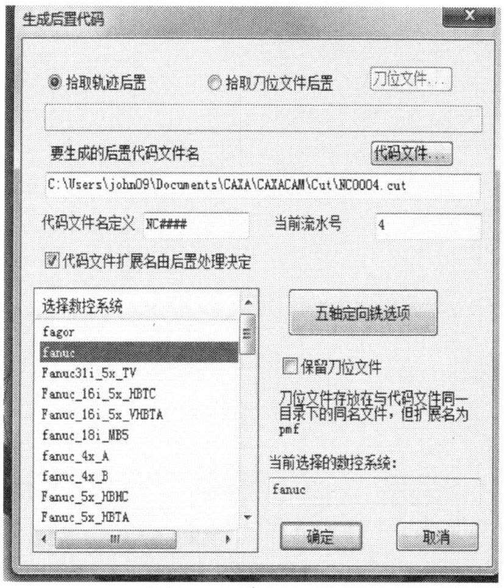

a)

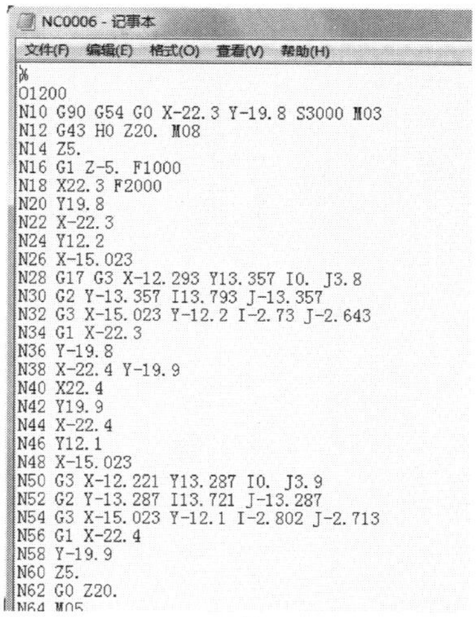


```
%
O1200
N10 G90 G54 G0 X-22.3 Y-19.8 S3000 M03
N12 G43 H0 Z20. M08
N14 Z5.
N16 G1 Z-5. F1000
N18 X22.3 F2000
N20 Y19.8
N22 X-22.3
N24 Y12.2
N26 X-15.023
N28 G17 G3 X-12.293 Y13.357 I0. J3.8
N30 G2 Y-13.357 I13.793 J-13.357
N32 G3 X-15.023 Y-12.2 I-2.73 J-2.643
N34 G1 X-22.3
N36 Y-19.8
N38 X-22.4 Y-19.9
N40 X22.4
N42 Y19.9
N44 X-22.4
N46 Y12.1
N48 X-15.023
N50 G3 X-12.221 Y13.287 I0. J3.9
N52 G2 Y-13.287 I13.721 J-13.287
N54 G3 X-15.023 Y-12.1 I-2.802 J-2.713
N56 G1 X-22.4
N58 Y-19.9
N60 Z5.
N62 G0 Z20.
N64 M05
```

b)

图 2-99　“生成后置代码”对话框和加工程序

a）“生成后置代码”对话框　b）加工程序

二、凹件加工步骤

（一）凹件实体造型（步骤略）

凹件的实体造型如图 2-100 所示。

（二）凹件加工过程

1）定义毛坯 。

①选择特征树中的“加工管理”选项，双击特征树中的“毛坯”，弹出“毛坯定义”对话框，如图 2-101 所示。

图 2-100　凹件的实体造型

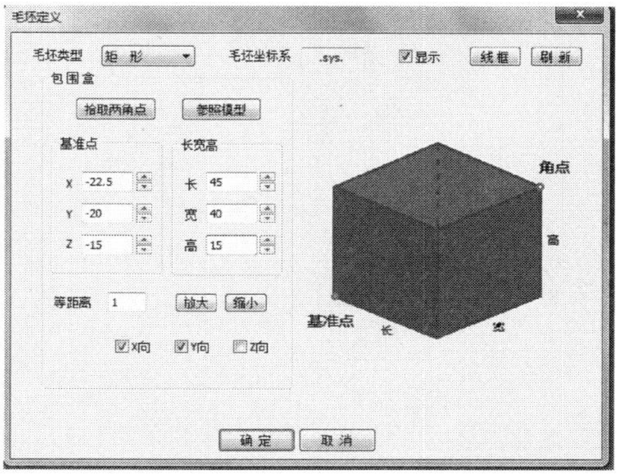

图 2-101　“毛坯定义”对话框

②单击“拾取两角点”按钮，基准点的X坐标为-22.5，Y坐标为-20，Z坐标为-15；长宽高的长为45，宽为40，高为15。或单击“参照模型”按钮，调整完后单击“确定”按钮，生成毛坯图形。

2）单击菜单【造型】→【曲线生成】→【相关线】，或直接单击“曲线生成”栏中的“相关线”按钮，弹出立即菜单，选择“实体边界”命令，单击拾取相关线，如图2-102所示。

图2-102 相关线

3）单击菜单【加工】→【粗加工】→【平面区域粗加工】，或直接单击工具栏中的“平面区域粗加工”按钮，在弹出的“平面区域粗加工”对话框中单击“加工参数”等标签，按图2-103~图2-106所示设置各选项卡。

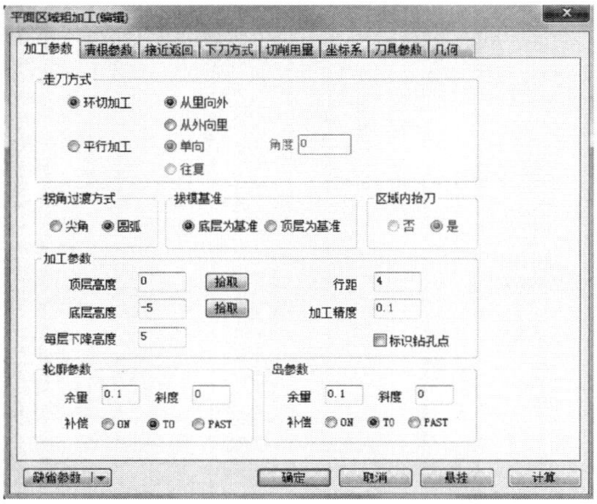

图2-103 加工参数

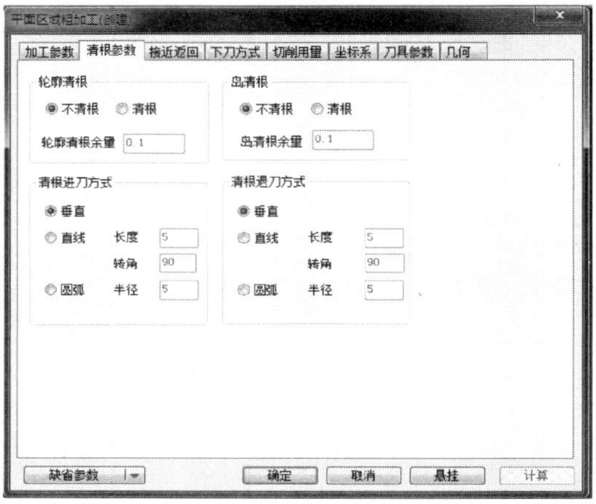

图2-104 清根参数

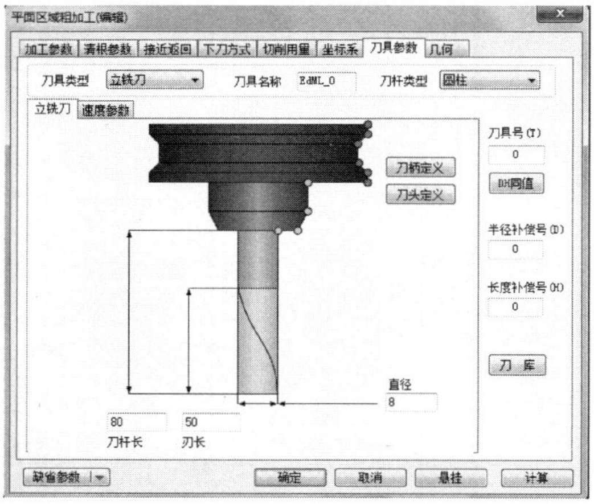

图2-105 刀具参数

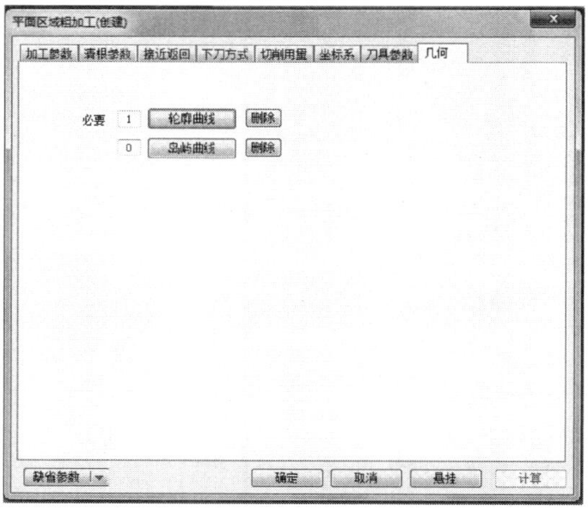

图2-106 几何

图 2-103 中“轮廓参数”选项区不需要留余量，选中“补偿”选项中的“TO”单选按钮。图 2-106 中“轮廓曲线”为圆和矩形相切的几何图形，无“岛屿曲线”，如图 2-107 所示。完成后单击“确定”按钮，生成加工轨迹，如图 2-108 所示。

图 2-107　选择轮廓曲线

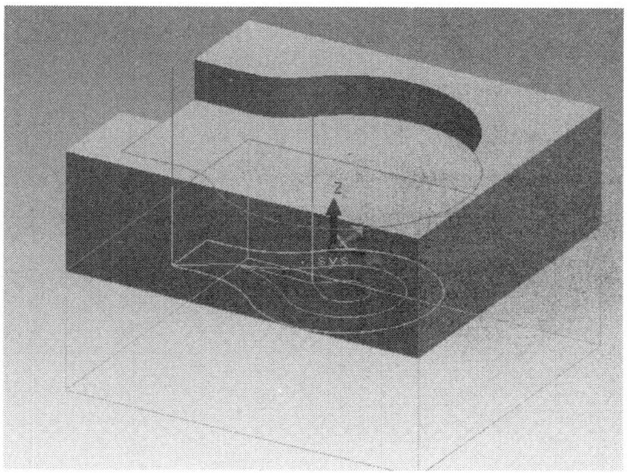

图 2-108　加工轨迹

4）单击菜单【加工】→【精加工】→【平面轮廓精加工】，或直接单击工具栏中的“平面轮廓精加工”按钮，在弹出的“平面轮廓精加工”对话框中单击“加工参数”等标签，按图 2-109～图 2-111 所示设置各选项卡。

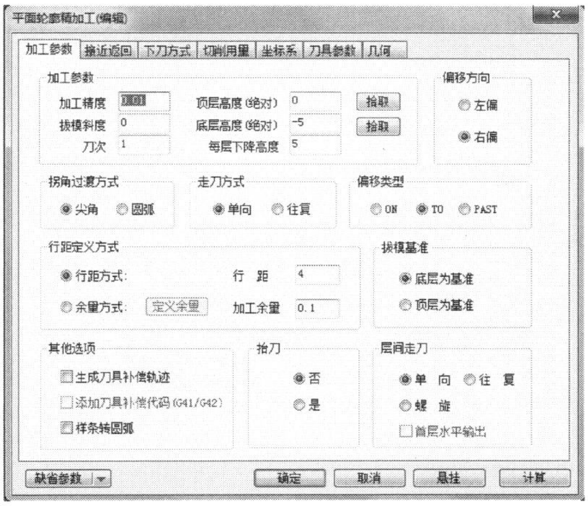

图 2-109　加工参数

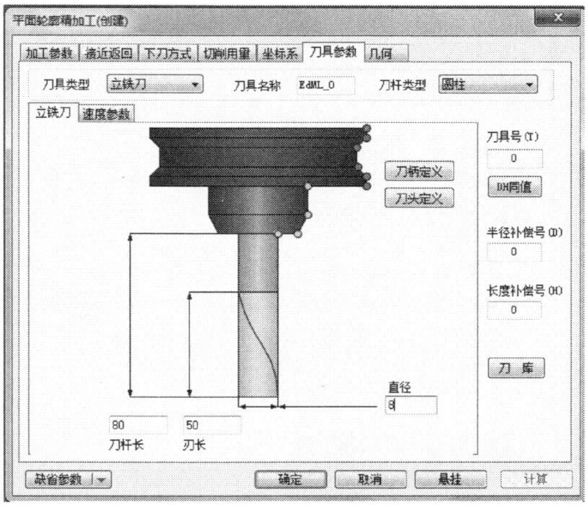

图 2-110　刀具参数

图 2-111 中“轮廓曲线”为圆与矩形相切的几何图形，进刀点、退刀点为默认设置，设置完成后单击“确定”按钮，生成加工轨迹，如图 2-112 所示。

5）单击菜单【加工】→【后置处理】→【生成 G 代码】，弹出“生成后置代码”对话框，如图 2-113 所示。选择要生成 G 代码的刀具轨迹，可以连续选择多条刀具轨迹。在“选择数控系统”下拉列表中选择“fanuc”，单击”确定”按钮后在空白处右击，生成加工程序，如图 2-114 所示。

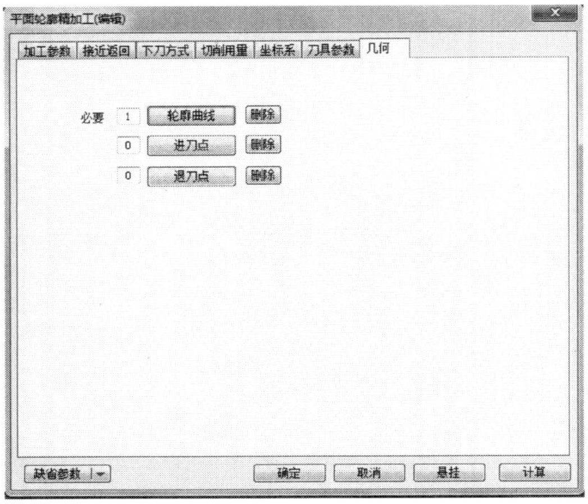

图 2-111　几何

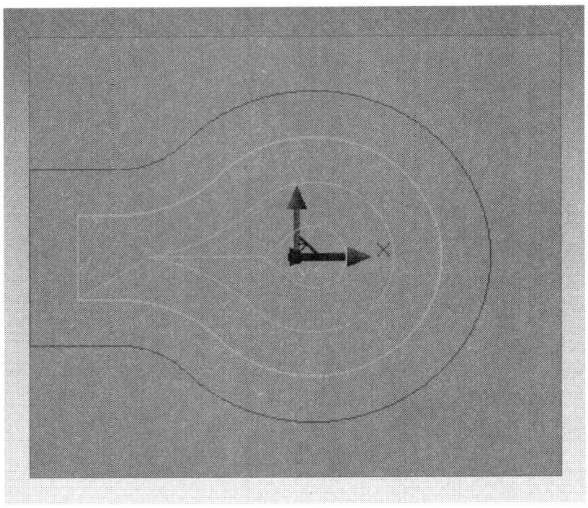

图 2-112　加工轨迹

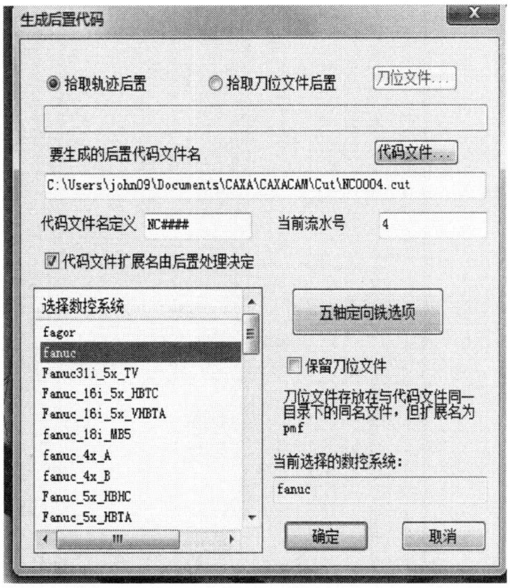

图 2-113　“生成后置代码”对话框

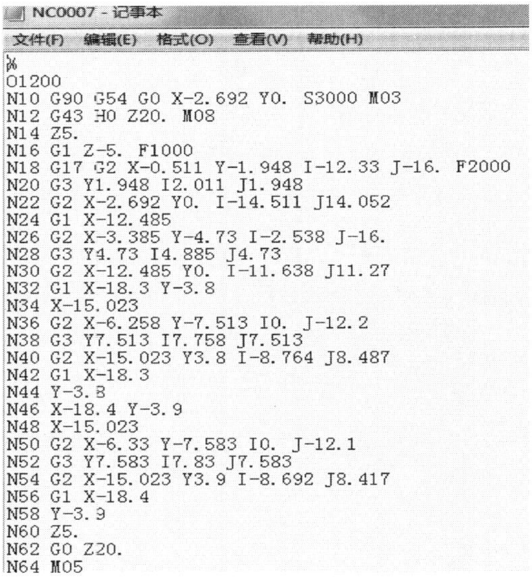


```
%
O1200
N10 G90 G54 G0 X-2.692 Y0. S3000 M03
N12 G43 H0 Z20. M08
N14 Z5.
N16 G1 Z-5. F1000
N18 G17 G2 X-0.511 Y-1.948 I-12.33 J-16. F2000
N20 G3 Y1.948 I2.011 J1.948
N22 G2 X-2.692 Y0. I-14.511 J14.052
N24 G1 X-12.485
N26 G2 X-3.385 Y-4.73 I-2.538 J-16.
N28 G3 Y4.73 I4.885 J4.73
N30 G2 X-12.485 Y0. I-11.638 J11.27
N32 G1 X-18.3 Y-3.8
N34 X-15.023
N36 G2 X-6.258 Y-7.513 I0. J-12.2
N38 G3 Y7.513 I7.758 J7.513
N40 G2 X-15.023 Y3.8 I-8.764 J8.487
N42 G1 X-18.3
N44 Y-3.8
N46 X-18.4 Y-3.9
N48 X-15.023
N50 G2 X-6.33 Y-7.583 I0. J-12.1
N52 G3 Y7.583 I7.83 J7.583
N54 G2 X-15.023 Y3.9 I-8.692 J8.417
N56 G1 X-18.4
N58 Y-3.9
N60 Z5.
N62 G0 Z20.
N64 M05
```

图 2-114　加工程序

【考核评价】

过程考核卡

项　目	检查内容	评分标准	得分与点评		
			配分	得分	点评
知识掌握（30%）	基本知识（习题）	正确	10		
	知识运用	合理正确	20		
师生互动（20%）	教师提出问题并指定学生回答	学生回答问题正确	10		
	小组互动	小组完成任务	10		

（续）

项　　目	检查内容	评分标准	得分与点评		
			配分	得分	点评
工艺与程序（40%）	程序内容	正确	5		
	程序格式	规范	5		
	工艺	合理	10		
	程序参数	选择正确	10		
	指令	选用合理	10		
团队协作（10%）	解决问题、完成任务	解决问题（及时、方法正确）、完成任务（顺利、完整）	10		
整改意见		整改措施			

【课后测评】

（一）判断题

1. 子程序调用不是数控系统的标准功能，不同的数控系统所用的指令和格式不同。（　　）

2. 子程序号的命名规则与主程序相同。（　　）

3. 在子程序中当遇到 G99 指令时将返回到主程序调用 G98 指令之后继续运行。（　　）

4. 在不同深度的轮廓加工中使用子程序，通过改变刀具半径补偿值或直接指定背吃刀量，可进行多层加工。（　　）

5. 选取精加工余量不能过小也不能过大，余量过小会增加切削力、切削热的产生，进而影响加工精度和加工表面质量。（　　）

（二）选择题（选出一个或多个正确答案）

1. 子程序调用指令的格式为 M98 P4321，表示调用（　　）次子程序。

A. 4　　B. 3　　C. 2　　D. 1

2. 一个完整的子程序的结构和主程序一样，也是由（　　）组成的。

A. 程序号　　B. 程序主体　　C. 程序结束指令　　D. M30

3. 现代控制器最大允许四级子程序嵌套，但在实际应用中使用较多的是（　　）嵌套。

A. 一级　　B. 二级　　C. 三级　　D. 四级

4. 影响精加工余量大小的因素主要有两个，即上一道工序（或工步）的各种（　　）和本工序的（　　）。

A. 测量误差　　B. 表面缺陷　　C. 表面误差　　D. 装夹误差

5. 确定精加工余量的方法主要有（　　）。

A. 经验估算法　　B. 查表修正法　　C. 逐点比较法　　D. 分析计算法

任务四　加工带孔类零件

【任务目标】

知识目标

1. 掌握数控加工固定循环的基本概念。
2. 掌握孔加工固定循环的基本指令格式。
3. 掌握孔加工路线的确定方法。

技能目标

1. 掌握加工孔方法的选择。
2. 掌握孔加工固定循环程序的编制方法。

【任务描述】

序号	具体任务内容	任务要求
1	固定循环指令的动作过程	掌握固定循环动作过程
2	固定循环指令的格式和编程方法	会用固定循环指令编程

图 2-115 所示为带孔类零件加工任务图。

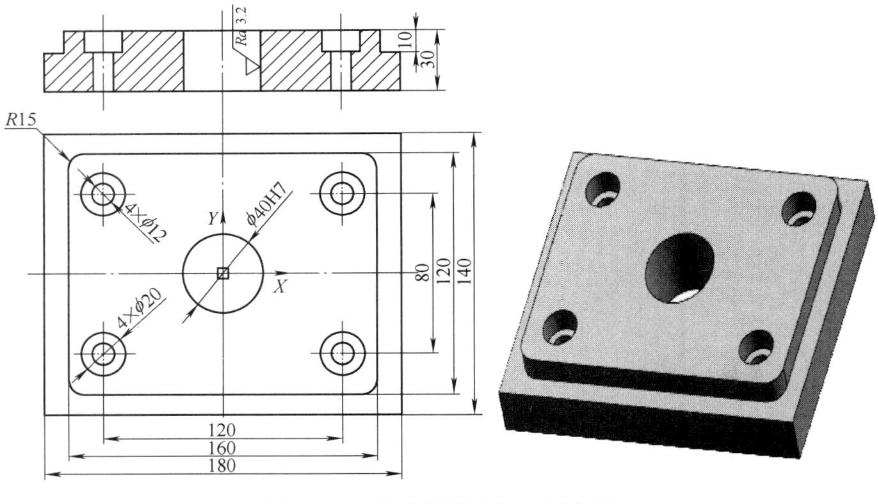

图 2-115　带孔类零件加工任务图

【知识储备】

（一）固定循环功能指令

数控铣床/加工中心配备的固定循环功能主要用于孔加工，包括钻孔、镗孔、攻螺纹等。

孔加工的动作顺序非常典型，例如钻孔、镗孔的动作是由孔位平面定位、沿 Z 向快速运动到切削的起点、进给运动到指定深度、快速退回等组成。当一个零件上有很多个相同的孔时，则需要完成数个相同的顺序动作。如果使用基本指令来编写孔加工的程序将会十分麻烦，而使用孔加工固定循环功能指令来编程，只用一个程序段便可完成一个或两个以上孔的加工，可大大简化程序的编制，提高编程效率。

1. 固定循环的基本动作

（1）动作组成　孔加工固定循环一般由下述五个动作组成，如图 2-116 所示，图中用虚线表示快速移动，实线表示切削进给，以下各图相同。

①*X*、*Y* 轴定位：使刀具快速定位到孔加工的位置。

②快进到 *R* 点：刀具自初始点快速移动到 *R* 点。

③孔加工：以切削进给的方式执行孔加工的动作。

④孔底动作：包括暂停、主轴准停、刀具移位等动作。

⑤刀具返回（退刀）：有两种返回方式可供选择，即返回到 *R* 点和返回到初始点。

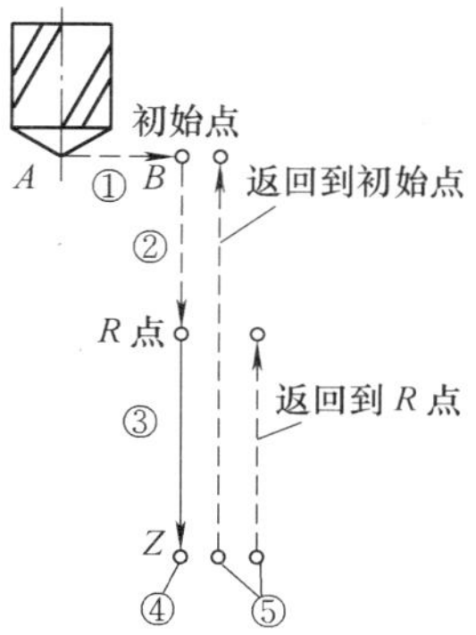

图 2-116　孔加工固定循环的基本动作

（2）动作说明

1）不同的固定循环其动作可能不同，有的没有孔底动作，有的不退回到初始平面而只退回到 *R* 点平面。

2）刀具返回位置的选择是通过两个 G 代码来控制的：G98 是返回初始点，G99 是返回 *R* 点。

3）初始点是为安全下刀而规定的点，它到零件表面的距离可以任意设定为一个安全的高度。初始点是调用固定循环前程序中的最后一个 *Z* 轴坐标的绝对值，当使用同一把刀具加工若干个孔时，只有孔间存在障碍需要跳跃或完成全部孔的加工时，才使用 G98 功能指令使刀具返回到初始点。

4）*R* 点又叫参考点，是下刀时刀具由快速移动转为切削进给的转换点（即引入距离）。使用 G99 指令将使刀具返回到 *R* 点，适用于要继续加工其他孔且可以安全移动刀具的场合。

5）孔加工循环与平面选择指令（G17、G18、G19）无关，即不管选择了哪个平面，孔加工都是在 *XY* 平面上定位，并在 *Z* 轴方向上完成加工。

2. 固定循环指令

固定循环的一般格式是由特定地址字指定的一系列参数值（并不是每一个循环都能使用以下所有的参数），其指令格式：

$$\left.\begin{matrix}G99\\G98\end{matrix}\right\}\quad\left\{\begin{matrix}G91\\G90\end{matrix}\right\}\quad G\_\_\ \ \_\_\quad X\_\_\quad Y\_\_\quad Z\_\_\quad R\_\_\quad Q\_\_\quad P\_\_\quad F\_\_\quad K\_\_;$$

固定循环的编程指令由以下六部分组成：

1）数据表达形式代码 G90/G91，即使用绝对值方式（G90）或增量值方式（G91）来编程，这一选择主要会影响孔的 *X* 值、*Y* 值、*R* 值和 *Z* 值，如图 2-117 所示。

2）刀具返回方式代码 G98/G99，G98 为返回初始点，G99 为返回 *R* 点。

3）孔加工方式代码 G__　__，为 G73、G74、G76 和 G81～G89 指令之一。

4）孔位数据 X、Y，指定孔在 *XY* 平面的坐标位置，可以是绝对值或增量值。增量值方式下孔的坐标位置是相对于前一孔坐标位置的距离。

5）孔加工数据，包含以下内容：

Z：孔底的位置。使用 G90 时为孔底的 Z 坐标值，使用 G91 时是 R 点到孔底的距离。

R：R 平面的位置。使用 G90 时是 R 点坐标值，使用 G91 时是初始点到 R 点的距离。

Q：Q 有两种含义，使用 G73、G83 时，用来指定每次进给的深度；使用 G76、G87 时，用来指定刀具的位移量。

P：刀具在孔底的暂停时间，单位为 ms，不带小数点。

F：指定切削进给速度。

6）K：指定固定循环的重复次数。

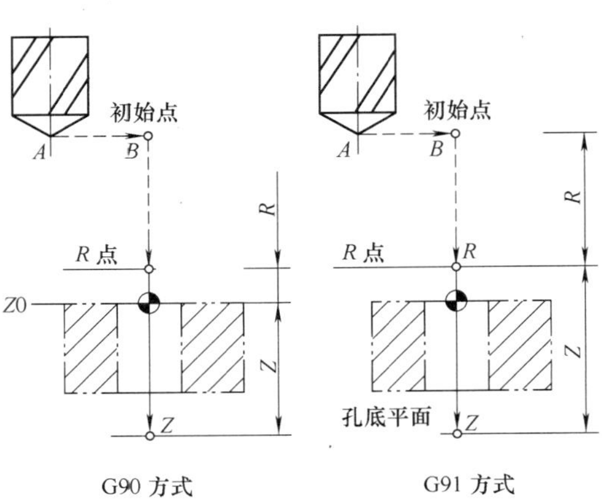

图 2-117　G90/G91 方式

（二）固定循环指令介绍

孔加工固定循环指令有 G73、G74、G76 和 G81~G89，根据用途可将其分为三类：钻孔循环（G81、G82、G83、G73）、镗孔循环（G76、G85、G86、G87、G88、G89）、攻螺纹循环（G74、G84）。

1. 钻孔循环

（1）钻孔循环指令（G81）与锪孔循环指令（G82）指令格式：

G81 X__ Y__ Z__ R__ F__；

G82 X__ Y__ Z__ R__ P__ F__；

G81 指令的加工动作如图 2-118a 所示，刀具先快速定位到（X，Y）点，再快速下降至 R 点，然后以 F 指定的进给速度钻孔至孔底 Z 点，最后快速提刀返回到初始点（G98）或 R 点（G99）。G81 指令主要用于钻一般孔和钻中心孔。

G82 指令的动作类似于 G81，如图 2-118b 所示，只是在孔底增加了进给暂停动作。因此，在不通孔或阶梯孔加工中，可减小孔底表面粗糙度值，得到准确的孔深尺寸。

（2）高速深孔啄钻循环指令（G73）与深孔啄钻循环指令（G83）

1）说明：如图 2-119 所示，这两个指令格式化相同，动作也基本相同，均能用于深孔

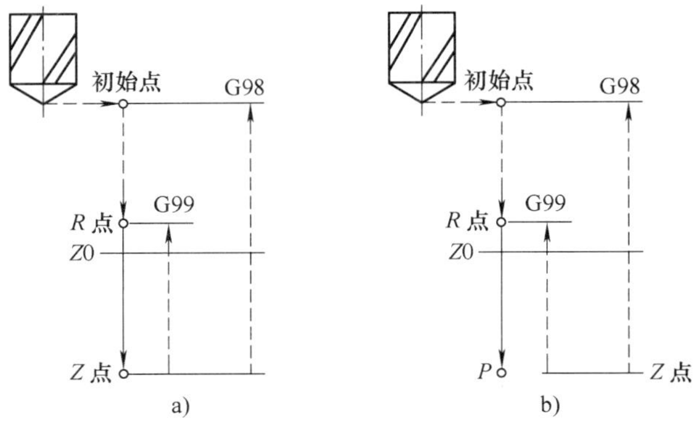

图 2-118　G81、G82 指令的动作

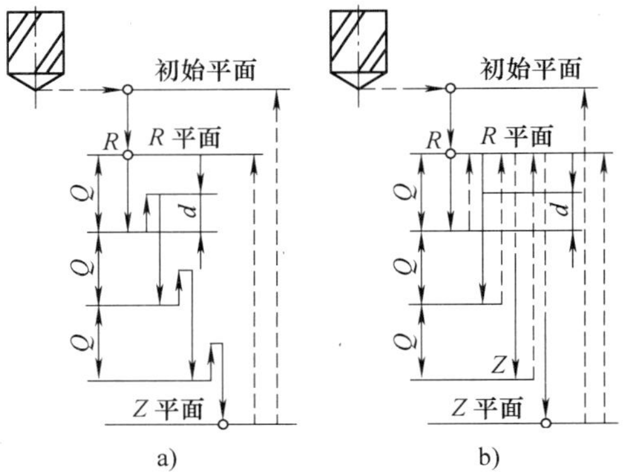

图 2-119　G73、G83 指令的动作

加工（钻孔深度为直径的 5 倍左右）。由于深孔加工的动作是通过刀具在 Z 向的间断进给（即采用啄钻的方式）来实现断屑与排屑的，故 G73 和 G83 指令的区别主要表现在 Z 向的进给动作上：G73 是每次 Z 向工进后都快速退回一段距离 d（d 由数控参数设定），再工进；而 G83 是每次 Z 向工进后均快速退回至 R 点，当重复进给时，刀具快速下降，到 d 规定的距离时转为切削进给。

由于 G73 指令每次 Z 向工进后未从孔内完全退出，故它虽然能保证断屑，但排屑主要是依靠钻屑在钻头螺旋槽中的流动来保证的；而 G83 指令每次 Z 向工进后都从孔内完全退出，然后再钻入孔中，故可把切屑带出孔外，以免切屑将钻槽塞满而增加钻削阻力和使切削液无法到达切削区。因此，对于深孔加工，特别是长径比较大的深孔，为保证顺利打断并排出切屑，应优先采用 G83 指令。

2）提醒：在使用 G73 和 G83 指令进行深孔加工编程时，两指令在钻孔时孔底动作均为快速返回，不会产生暂停的动作。但在实际加工中，当钻头退出时，切屑在切削液冲刷下会落入孔中。这种情况尤其会发生在对钢料的加工中。当钻头再次进入后，将撞击位于孔底部的切屑，切屑在刀具的作用下开始旋转，将被切断或熔化。因此，在必要时应暂停加工来清理切屑后，再对孔进行下一道工序的加工。

2. 镗削循环

（1）粗镗孔循环指令　常用的粗镗孔循环指令有 G85、G86、G88、G89。指令格式：

G85 X __ Y __ Z __ R __ F __;

G86 X __ Y __ Z __ R __ F __;

G88 X __ Y __ Z __ R __ P __ F __;

G89 X __ Y __ Z __ R __ P __ F __;

执行 G85 循环（图 2-120a），刀具以切削进给方式加工到孔底，然后以切削进给方式返回到 R 点平面，以保证孔壁光滑。因此，该指令可用于镗孔、铰孔和扩孔。

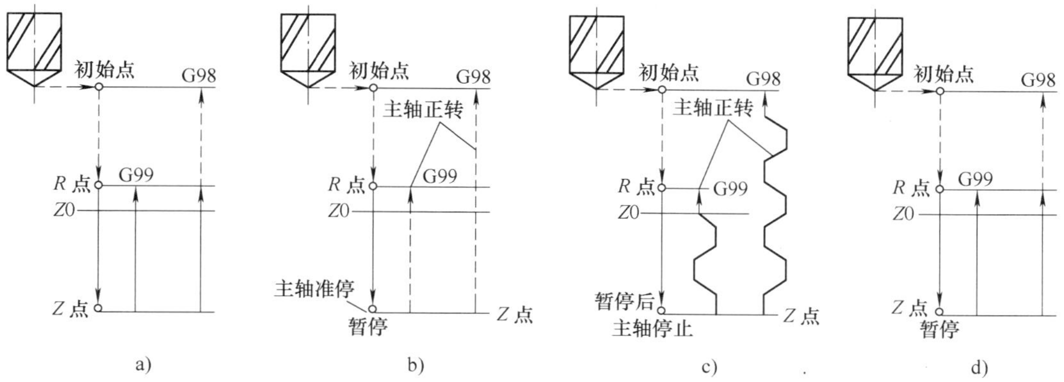

图 2-120　G85、G86、G88、G89 指令的动作

执行 G86 循环（图 2-120b），刀具以切削进给方式加工到孔底，到孔底后暂停，主轴停转，刀具快速返回到 R 点平面后，主轴恢复正转。由于刀具在退回过程中容易在工件表面划出条痕，故该指令常用于粗镗和半精镗。

执行 G88 循环（图 2-120c），刀具以切削进给方式加工到孔底，到孔底后暂停，主轴停转，这时可通过手动方式将刀具移出孔外，再开始自动加工，刀具快速提刀到 R 点或初始点，主轴恢复正转。此种方式虽能相应提高孔的加工精度，但加工效率较低。故该指令比较少用，仅限于使用特殊刀具且在孔底需要手动干涉的镗削操作。

G89 的动作类似于 G85，不同的是 G89 动作（图 2-120d）在刀具到达孔底后有进给暂停动作，故该指令常用于镗阶梯孔。

（2）精镗孔循环指令（G76） 指令格式：

G76 X __ Y __ Z __ R __ Q __ P __ F __;

其中，Q 指定刀具在孔底的位移量（需为正值，负号将被忽略）。

G76 指令的动作如图 2-121 所示，刀具快速定位到（X，Y）点后快速下降至 R 点（不做主轴定位），以 F 指定的进给速度镗孔，至孔底有以下三个动作：

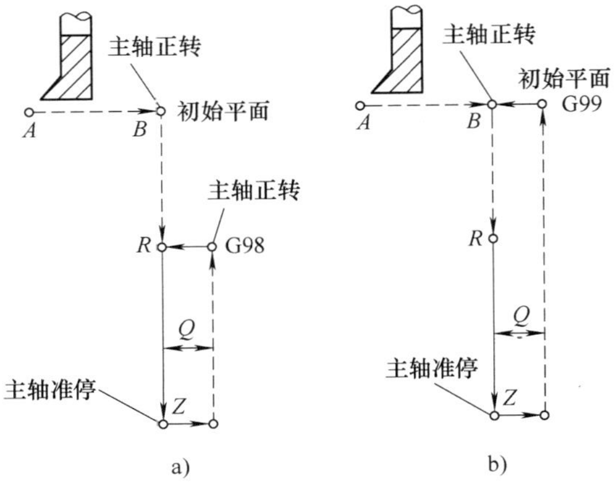

图 2-121 G76 指令的动作

1）进给暂停由 P 指定的时间。

2）主轴准停（定向停止），使刀尖指向一个固定的方向。

3）刀具沿刀尖的反方向位移 Q 值，使刀尖离开加工孔面，最后快速提刀到初始点（G98）或 R 点（G99），刀具中心回到原来位置且主轴恢复转动。这样可以保证提刀时不至于划伤内孔表面，以实现高效率、高精度的镗削加工。该指令对加工高质量的孔是很有用的，但主轴需准停功能。

提醒：镗刀在装到主轴上后，一定要在 CRT/MDI 方式下执行 M19 指令使主轴准停后，检查刀尖所处的方向，若与图 2-121 中位置相反（相差 180°）时，须重新安装刀具，使其按图 2-122 所示定位方向定位。

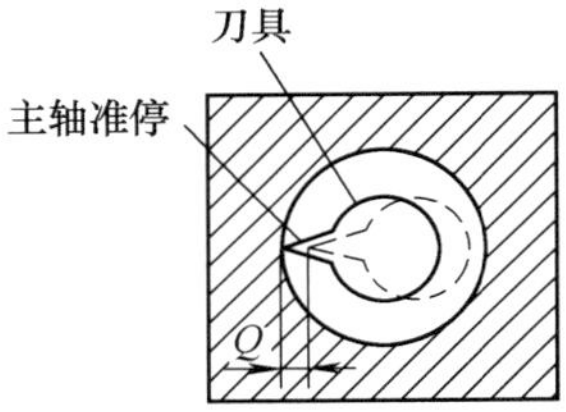

图 2-122 定向停止

（3）背镗镗孔循环指令（G87） 指令格式：

G87 X __ Y __ Z __ R __ Q __ P __ F __;

其中，Q 指定刀具在孔底的位移量（需为正值，负号将被忽略）。

G87 指令的动作如图 2-123 所示。

动作说明：刀具快速定位到（X，Y）点，主轴准停；刀具沿刀尖的反方向位移 Q 值（让刀）；快进到 R 点（这时 R 点平面在孔底平面的下方）；取消让刀，使孔轴线与刀具轴线重合；主轴起动，刀具工进反镗（向上）到 Z 点；主轴准停，让刀；刀具快退到初始点；取消让刀，主轴起动。

该指令只能用于某些背镗操作，特殊的加工和安装要求限制了它的实际应用。只有当总成本预算合理时才会采用 G87 指令，大多数情况下都选择反转工件加工。

提醒：G87 不能与 G99 同时使用，且使用 G87 指令时主轴需准停功能。

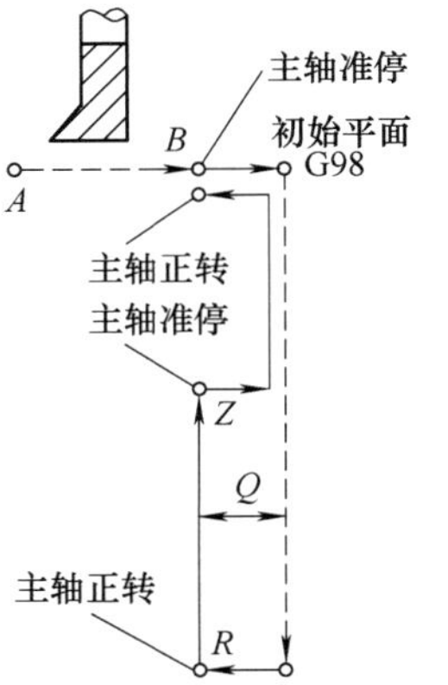

图 2-123 G87 指令的动作

3. 攻螺纹循环（内螺纹）

攻左旋螺纹循环指令为 G74，攻右旋螺纹循环指令为 G84。

指令格式：

G74 X __ Y __ Z __ R __ P __ F __;

G84 X __ Y __ Z __ R __ P __ F __;

G74、G84 指令的动作如图 2-124 所示。

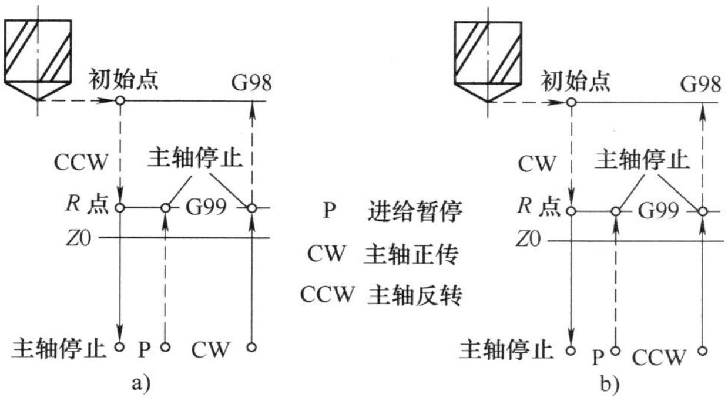

图 2-124　G74、G84 指令的动作

G74 循环用于加工左旋螺纹。执行该循环时，主轴反转，刀具在 *XY* 平面快速定位后快速移动到 *R* 点，执行攻螺纹动作到达孔底后，主轴正转退回到 *R* 点，主轴恢复反转，完成攻螺纹动作。

G84 的动作与 G74 基本类似，只是 G84 用于加工右旋螺纹。执行该循环时，主轴正转，刀具在 *XY* 平面快速定位后快速移动到 *R* 点，执行攻螺纹到达孔底后，主轴反转退回到 *R* 点，主轴恢复正转，完成攻螺纹动作。

使用注意事项：

1）在指令 G74 前，需先以 M04 指令使刀具反转；在指令 G84 前，需先以 M03 指令使刀具正转。

2）在 G74 和 G84 加工中，进给速度 F、主轴转速 S 均不接受倍率开关的控制（固定在 100%）。

3）攻螺纹的进给速度（mm/min）等于主轴转速（r/min）。

4. 固定循环的取消

当不再使用固定循环指令时，应将其取消，使系统恢复到通常的加工状态（如 G00、G01 等）。使用 G80 指令或 01 组的 G 代码均可取消任何有效的固定循环。

（1）使用 G80 指令取消固定循环　G80 指令不但可以取消任何有效的固定循环，还可以自动切换到 G00 快速运动模式，见表 2-12。

表 2-12　G80 指令取消固定循环的模式

程序一	程序二	程序三
…; N0030 G80; N0040 X10.0 Y20.0; …	…; N0030 G80; N0040 G00 X10.0 Y20.0; …	…; N0040 G80 G00 X10.0 Y20.0; …

表 2-12 中，三个程序差别很小，但执行的结果完全一样。程序一是一个标准的编程应用，其中的 N0040 程序段中并没有指定快速运动，它只是间接地表明了这一点。

提醒：当用 G80 指令取消固定循环后，那些在固定循环前的插补模态（如 G00、G01、G02、G03）恢复，M05 指令也自动生效（G80 可使主轴停转）。

（2）使用 01 组的 G 代码取消固定循环　不用 G80 指令，用 01 组的 G 代码也可以取消循环，但该做法很不可取，应该尽量避免。

5. 使用固定循环的几点说明

1）G73、G74、G76 和 G81～G89 是模态指令，一旦指定便一直有效，直到出现其他孔加工循环指令或取消固定循环时才失效。

2）固定循环中的参数 X、Y、Z、R、Q、P、F 都是模态的，当变更固定循环方式时，不变的参数不必重复指令。只有在取消固定循环时，才清除 F 以外的所有加工数据。

3）若程序段中不包含任何一轴（*X*、*Y*、*Z*）的移动指令，则不执行钻孔动作。

4）在指定固定循环之前，必须用辅助功能 M 代码（M03 或 M04）使主轴旋转。

5）固定循环指令不能和 M 代码（如 M05 或 M09 等）同在一个程序段中，因为 M 代码在执行完循环指令的第一个动作（*X*、*Y* 轴向定位）后，即被执行。

6）使用具有主轴自动起动的固定循环指令（G74、G84、G86）时，如果连续加工的孔间距较小或者从初始点到 *R* 点之间的距离较短，则应配合使用 G04 暂停指令进行延时，其目的是防止在进入孔加工动作时，主轴尚未达到指定的转速。

7）在固定循环中，刀具半径补偿指令（G41、G42）无效，刀具长度补偿指令（G43、G44）在刀具至 *R* 点时生效。

6. 固定循环的重复

在固定循环指令的最后，用 K 指定执行固定循环的重复次数，可用于加工等间距的孔，但必须以增量模式（G91）指定第一个孔的位置，如果用绝对值方式（G90）编程，则会在相同位置重复钻孔。采用重复次数来编程时需要注意的是：

1）为提高加工效率，最好采用 G99 指令以使刀具返回 *R* 点。

2）使用 G74 或 G84 指令时，因为主轴回到 *R* 点或初始点时要反转，因此需一定时间，如果用 K 地址来进行多孔操作，则要估计主轴的起动时间。如果时间不足，不应使用 K 地址，而应对每一个孔给出一个程序段，并且每段中增加 G04 指令来保证主轴的起动时间。

3）当 K 指定为 0 时，钻孔数据被存储，但不会执行该循环（即机床不动作）。

【任务实施】

实施方案一　手工编程

任务分析

该任务主要涉及钻孔和镗孔加工，因此在编程过程中需要掌握孔加工固定循环编程方法及孔加工工艺等理论知识。在编写孔加工固定循环程序时，要注意避免刀具以 G00 方式在进刀与退刀过程中与夹具或工件发生干涉。选择在加工中心上加工孔系类零件（毛坯材料为铸铁，尺寸为 180mm×140mm×30mm），运用孔加工固定循环指令编写加工程序。

实施步骤

（一）任务准备

1）准备与数控技术与操作相关的教学资料，包括教材、教参、多媒体课件、视频文件、工作任务书等。

2）准备教学用辅具、带孔类零件毛坯及刀具。

3）准备相关工艺生产资料。

4）安全文明教育。

（二）工艺分析

1. 零件图样分析

从图 2-115 中可以看出，加工内容较为简单，主要涉及钻孔和镗孔加工。

2. 确定工件的安装与加工方法

（1）选择数控机床　本任务选择的机床为 FANUC 0i 系统加工中心。

（2）确定工件的安装方法　用机用虎钳装夹。

3. 选择刀具

数控加工刀具卡片见表 2-13。

表 2-13　数控加工刀具卡片

产品名称或代号			零件名称	孔系加工	零件图号	
序号	刀具号	刀具规格名称	数量	加工表面		备注
1	T01	ϕ12mm 立铣刀	1 把	加工 160mm×120mm 外轮廓		
2	T02	A3 中心钻	1 把	4×ϕ12mm 孔的中心孔		
3	T03	ϕ12mm 钻头	1 把	4×ϕ12mm 孔		
4	T04	ϕ20mm 立铣刀	1 把	ϕ20mm 阶梯孔、ϕ40H7 通孔		
5	T05	ϕ32～ϕ42mm 镗刀	1 把	ϕ40H7 通孔		
编制		审核		批准		共　页	第　页

1）4×ϕ12mm 孔的中心孔：为保证孔的位置精度要求，对 4×ϕ12mm 孔先用 A3 中心钻钻中心孔。

2）4×ϕ12mm 通孔：用 ϕ12mm 钻头钻孔。

3）4×ϕ20mm 阶梯孔：用 ϕ12mm 钻头钻孔→ϕ20mm 立铣刀铣沉孔。

4）ϕ40H7 通孔：用 ϕ20mm 立铣刀以螺旋线方式下刀铣到 ϕ38mm 大的通孔→ϕ32～ϕ42mm 微调镗刀镗孔。

4. 确定加工工艺

数控加工工艺卡片见表 2-14。

表 2-14　数控加工工艺卡片

单位名称		产品名称或代号		零件名称		零件图号
				孔系加工		
工序号	程序编号	夹具名称		使用设备		车间
001		机用虎钳		数控铣床		数控中心
工步号	工步内容	刀具名称	刀具规格	主轴转速/(r/min)	进给速度/(mm/min)	备注
1	加工 160mm×120mm 外轮廓	立铣刀	ϕ12mm	800	100	
2	钻 4×ϕ12mm 孔的中心孔	中心钻	A3	1200	60	
3	钻 4×ϕ12mm 通孔	钻头	ϕ12mm	1000	100	
4	铣 4×ϕ20mm 阶梯孔	立铣刀	ϕ20mm	700	100	
5	对 ϕ40H7 孔进行扩孔	立铣刀	ϕ20mm	700	80	
6	粗镗 ϕ40H7 通孔	微调镗刀	ϕ32～ϕ42mm	500	75	
7	精镗 ϕ40H7 通孔	微调镗刀	ϕ32～ϕ42mm	700	70	
编制	审核		批准	年　月　日	共　页	第　页

（三）编制数控铣加工程序

以工件上表面为 Z0，平面对称中心为工件编程原点。刀具长度补偿均使用对应刀具从机床原点到工件表面的距离。

加工 160mm×120mm 凸台外轮廓的加工程序见表 2-15。

表 2-15　加工 160mm×120mm 凸台外轮廓的加工程序

程　　序	说　　明
O0001;	程序号
N10 G21 G17 G90 G49 G40;	初始状态的设定
N20 T01 M06;	调用 T01 号刀
N30 G54 G00 X-100.0 Y-80.0 Z0;	设定工件坐标系，快速到起点
N40 S800 M03;	主轴起动
N50 G43 H01 Z30.0;	T01 号刀建立长度补偿
N60 Z5.0;	下刀至安全高度
N70 G01 Z-10.0 F50;	下刀至切削深度
N80 G41 X-80.0 D01 F100;	建立刀具半径补偿
N90 Y45.0;	外轮廓加工
N100 G02 X-65.0 Y60.0 R15.0;	
N110 G01 X65.0;	
N120 G02 X80.0 Y45.0 R15.0;	
N130 G01 Y-45.0;	
N140 G02 X65.0 Y-60.0 R15.0;	
N150 G01 X-65.0;	
N160 G02 X-80.0 Y-45.0 R15.0;	

（续）

程　　序	说　　明
N170 G40 G01 X-100.0；	取消刀补
N180 Z5.0；	抬刀至安全距离
N190 G91 G28 Z0；	刀具返回参考点
N200 M05；	主轴停
N210 M30；	程序结束

钻 4×ϕ12mm 孔的中心孔加工程序见表 2-16。

表 2-16　钻 4×ϕ12mm 孔的中心孔加工程序

程　　序	说　　明
O0002；	程序号
N10 G21 G17 G90 G49 G40；	初始状态的设定
N20 T02 M06；	调用 T02 号刀
N30 G54 G00 X60.0 Y40.0 Z0；	设定工件坐标系，快速到起点
N40 S1200 M03；	主轴起动
N50 G43 H02 Z30.0；	T02 号刀建立长度补偿
N60 Z5.0；	下刀至安全高度
N70 G81 X60 Y40.0 Z-7.0 R5.0 F60；	钻 4×ϕ12mm 孔的中心孔
N80 Y-40.0；	
N90 X-60.0；	
N100 Y40.0；	
N110 G80；	取消钻孔固定循环
N120 G91 G28 Z0；	刀具返回参考点
N130 M05；	主轴停
N140 M30；	程序结束

钻 4×ϕ12mm 通孔的加工程序见表 2-17。

表 2-17　钻 4×ϕ12mm 通孔的加工程序

程　　序	说　　明
O0003；	程序号
N10 G21 G17 G90 G49 G40；	初始状态的设定
N20 T03 M06；	调用 T03 号刀
N30 G54 G00 X60.0 Y40.0 Z0；	设定工件坐标系，快速到起点
N40 S1000 M03；	主轴起动
N50 G43 H03 Z30.0；	T03 号刀建立长度补偿
N60 Z5.0；	下刀至安全高度

（续）

程　序	说　明
N70 G83 X60 Y40.0 Z-35.0 R5.0 Q5.0 F100;	钻 4×ϕ12mm 通孔（深孔啄钻）
N80 Y-40.0;	
N90 X-60.0;	
N100 Y40.0;	
N110 G80;	取消钻孔固定循环
N120 G91 G28 Z0;	刀具返回参考点
N130 M05;	主轴停
N140 M30;	程序结束

铣 4×ϕ20mm 阶梯孔的加工程序见表 2-18。

表 2-18　铣 4×ϕ20mm 阶梯孔的加工程序

程　序	说　明
O0004;	程序号
N10 G21 G17 G90 G49 G40;	初始状态的设定
N20 T04 M06;	调用 T04 号刀
N30 G54 G00 X60.0 Y40.0 Z0;	设定工件坐标系，快速到起点
N40 S700 M03;	主轴起动
N50 G43 H04 Z30.0;	T04 号刀建立长度补偿
N60 Z5.0;	下刀至安全高度
N70 G81 X60 Y40.0 Z-10.0 R5.0 F100;	铣 4×ϕ20mm 阶梯孔
N80 Y-40.0;	
N90 X-60.0;	
N100 Y40.0;	
N110 G80;	取消钻孔固定循环
N120 G91 G28 Z0;	刀具返回参考点
N130 M05;	主轴停
N140 M30;	程序结束

铣 ϕ40H7 通孔的加工程序见表 2-19。

表 2-19　铣 ϕ40H7 通孔的加工程序

主　程　序	说　明
O0005;	程序号
N10 G21 G17 G90 G49 G40;	初始状态的设定
N20 T04 M06;	调用 T04 号刀
N30 G54 G00 X9.0 Y0 Z0;	设定工件坐标系，快速到起点
N40 S700 M03;	主轴起动

（续）

主　程　序	说　　明
N50 G43 H04 Z30.0；	T04 号刀建立长度补偿
N60 Z5.0；	下刀至安全高度
N70 M98 P120006 ；	调用 12 次子程序 O0006
N80 G90 G00 X0；	
N90 Z5.0；	抬刀至安全高度
N100 G91 G28 Z0；	刀具返回参考点
N110 M05；	主轴停
N120 M30；	程序结束
子　程　序	**说　　明**
O0006；	子程序名
G91 G03 I-9.0 J0 Z-3.0；	螺旋线方式下刀加工孔至 ϕ38mm
M99；	子程序结束并返回主程序

粗镗 ϕ40H7 通孔的加工程序见表 2-20。

表 2-20　粗镗 ϕ40H7 通孔的加工程序

程　　序	说　　明
O0007；	程序号
N10 G21 G17 G90 G49 G40；	初始状态的设定
N20 T05 M06；	调用 T05 号刀
N30 G54 G00 X0 Y0 Z0；	设定工件坐标系，快速到起点
N40 S500 M03；	主轴起动
N50 G43 H05 Z30.0；	T05 号刀建立长度补偿
N60 Z5.0；	下刀至安全高度
N70 G85 X0 Y0 Z-32.0 R5.0 F75；	粗镗 ϕ40H7 通孔
N80 G80；	取消钻孔固定循环
N90 G91 G28 Z0；	返回参考点
N100 M05；	主轴停
N110 M30；	程序结束

精镗 ϕ40H7 通孔的加工程序见表 2-21。

表 2-21　精镗 ϕ40H7 通孔的加工程序

程　序	说　　明
O0008；	程序号
N10 G21 G17 G90 G49 G40；	初始状态的设定
N20 T05 M06；	调用 T05 号刀

（续）

程　序	说　明
N30 G54 G00 X0 Y0 Z0;	设定工件坐标系，快速到起点
N40 S700 M03;	主轴起动
N50 G43 H05 Z30.0;	T05号刀建立长度补偿
N60 Z5.0;	下刀至安全高度
N70 G76 X0 Y0 Z-32.0 R5.0 Q1.0 F70;	精镗 ϕ40H7 通孔
N80 G80;	取消钻孔固定循环
N90 G91 G28 Z0;	返回参考点
N100 M05;	主轴停
N110 M30;	程序结束

小组讨论

本任务的加工程序是否可全部使用子程序进行编程？如果可以，应怎样编写？

实施方案二　CAXA 自动编程

（一）带孔零件实体造型（步骤略）

带孔零件的实体造型如图 2-125 所示。

（二）实体加工

1. 选取加工边界

单击菜单【造型】→【曲线生成】→【相关线】，或直接单击“曲线生成”栏中的“相关线”按钮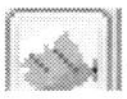，弹出立即菜单，选择“实体边界”命令。单击拾取相关线（4 个直径 ϕ12mm 的圆，4 个直径 ϕ20mm 的圆，长为 180mm、宽为 140mm 的矩形，长为 160mm、宽为 120mm 的矩形），如图 2-126 所示。

图 2-125　带孔零件的实体造型

图 2-126　相关线

2. 定义毛坯

1）选择特征树中的“加工管理”选项，双击特征树中的“毛坯”，弹出“毛坯定义”

对话框，如图 2-127 所示。

2）单击“拾取两角点”按钮，基准点的 X 坐标为-90，Y 坐标为-70，Z 坐标为 0；长宽高的长为 180，宽为 140，高为 30。或直接单击“参照模型”按钮，调整完后单击“确定”按钮，生成毛坯图形如图 2-128 所示。

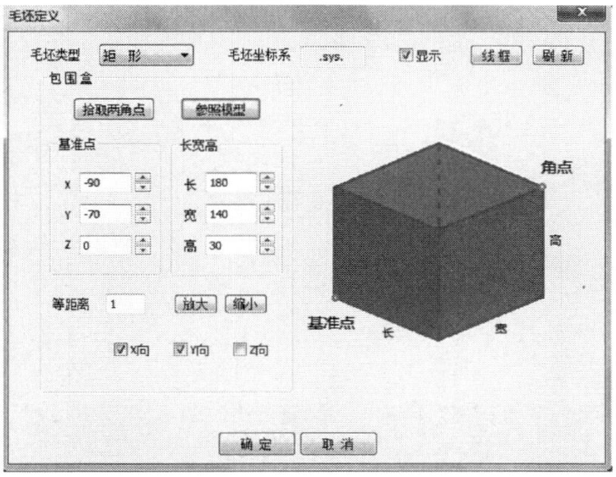

图 2-127　“毛坯定义”对话框

图 2-128　毛坯图形

3. 凸台外轮廓的粗加工

单击菜单【加工】→【粗加工】→【平面区域粗加工】，或直接单击工具栏中的“平面区域粗加工”按钮，在弹出的“平面区域粗加工”对话框中单击“加工参数”等标签，按图 2-129～图 2-132 所示设置各选项卡。

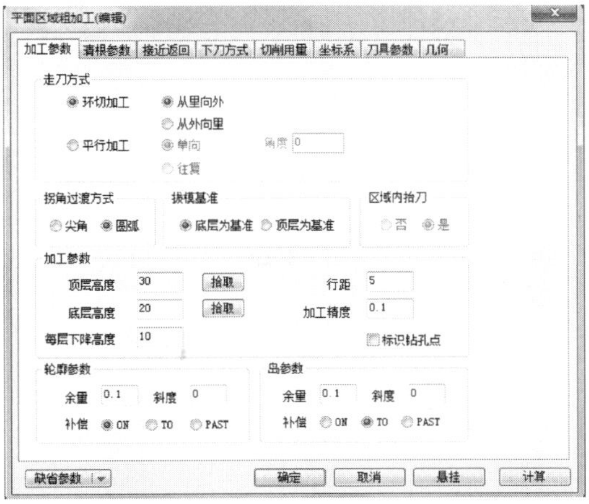

图 2-129　加工参数

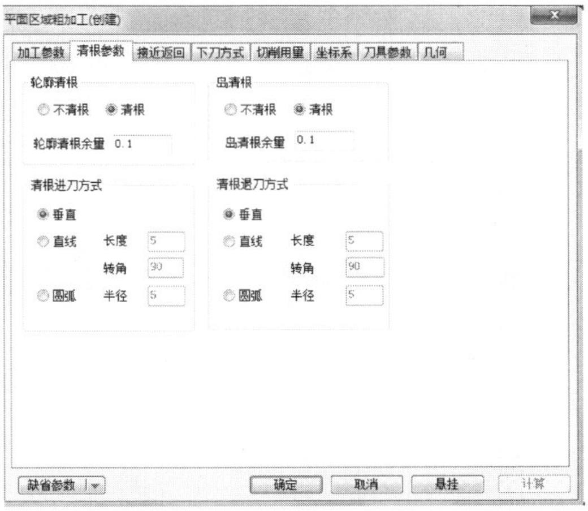

图 2-130　清根参数

注意：图 2-132 中“轮廓曲线”为长为 180、宽为 140 的矩形，“岛屿曲线”为长为 160、宽为 120 的矩形，如图 2-133 所示。完成后单击“确定”按钮，生成加工轨迹，如图 2-134 所示。

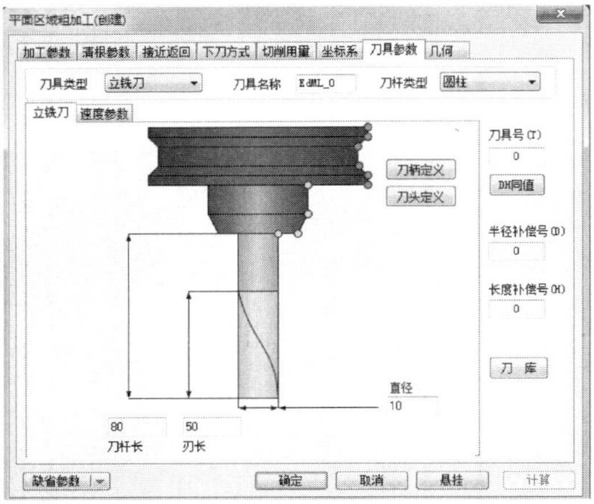

图 2-131　刀具参数

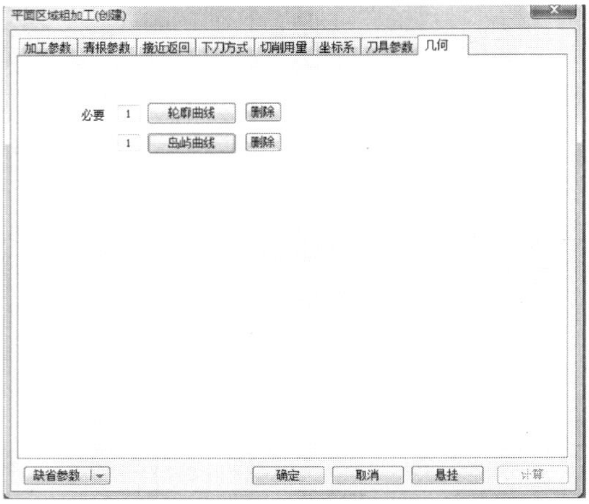

图 2-132　几何

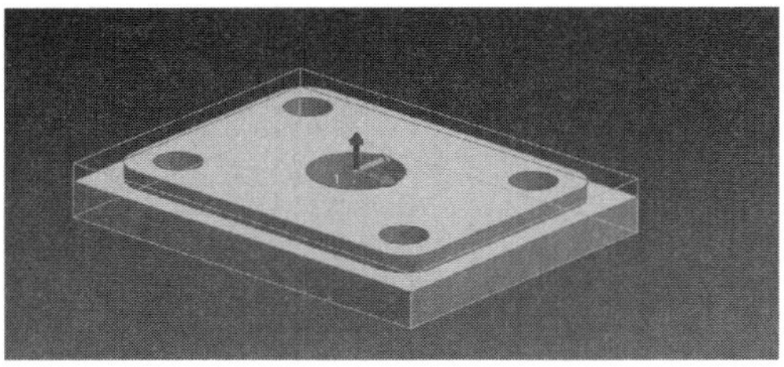
图 2-133　选择轮廓曲线和岛屿曲线

图 2-134　加工轨迹

4. 凸台外轮廓的精加工

单击菜单【加工】→【精加工】→【平面轮廓精加工】，或直接单击工具栏中的“平面轮廓精加工”按钮 ，在弹出的“平面轮廓精加工”对话框中单击“加工参数”等标签，按图 2-135～图 2-137 所示设置各选项卡。

图 2-135　加工参数

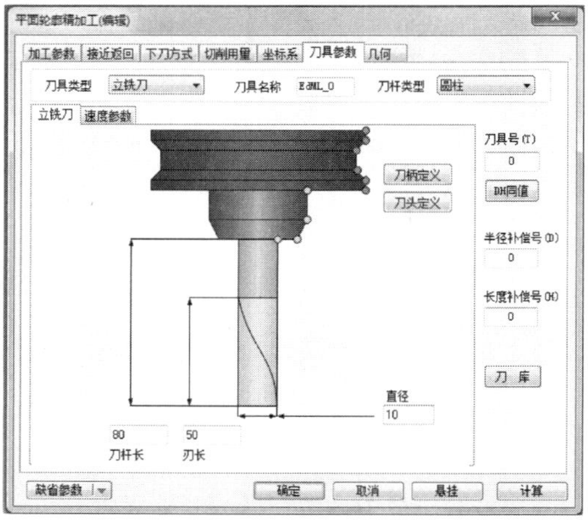

图 2-136　刀具参数

注意：接近返回、下刀方式、切削用量、坐标系这几个选项卡不用设置。图 2-137 中“轮廓曲线”为 4 个直径 ϕ20 的圆，拾取完成后单击“确定”按钮生成加工轨迹，如图 2-138 所示。

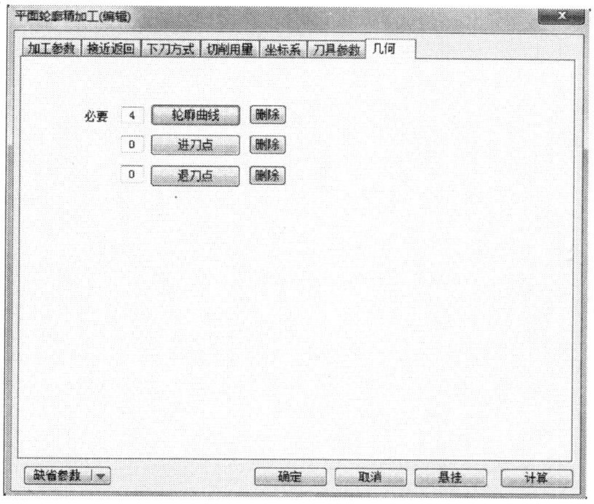

图 2-137　几何

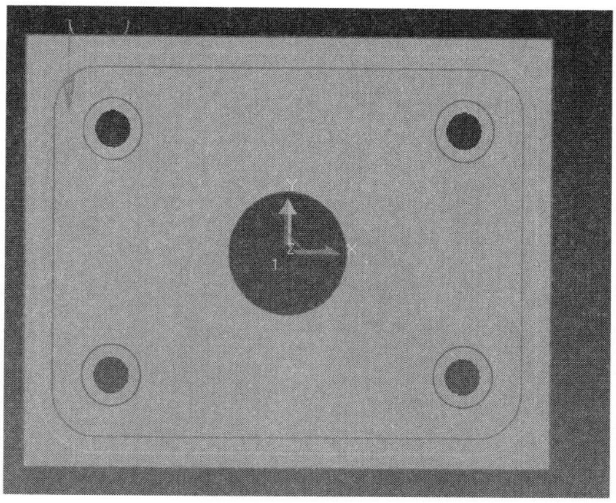

图 2-138　加工轨迹

5. 钻 4 个孔

单击工具栏中的“孔加工”按钮，如图 2-139 所示，弹出“钻孔”对话框，如图 2-140 所示。在“加工参数”选项卡中，设置安全高度为 50，安全间隙为 0.5，工件平面为 0，如图 2-140a 所示。钻中心孔时设定加工深度为 7mm 左右，使用 ϕ12mm 钻头加工时加工深度略大于零件厚度，以确保孔完全加工到位。在“刀具参数”选项卡中设置直径为“12”，刀尖角为“180”，如图 2-140b 所示。在“几何”选项中单击“鼠标点取”按钮（点取长为 120、宽为 80 的矩形的四个顶点），如图 2-140c 所示，右击结束拾取。拾取完成后单击“确定”按钮，生成钻孔加工轨迹。单击菜单【加工】→【后置处理】→【生成 G 代码】，弹出“生成后置代码”对话框，如

图 2-139　“孔加工”图标

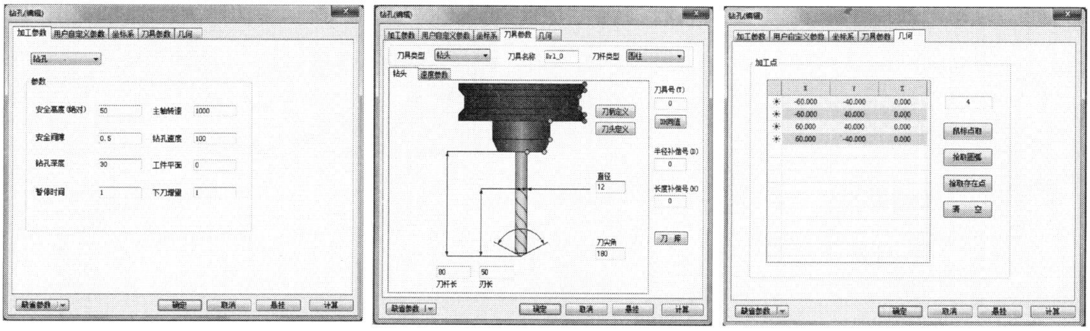

a)　　b)　　c)

图 2-140　用户自定义参数

图 2-141a 所示。选择要生成 G 代码的刀具轨迹，可以连续选择多条刀具轨迹。在“选择数控系统”下拉列表中选择“fanuc”，单击“确定”按钮后在空白处右击，生成加工程序，如图 2-141b 所示。

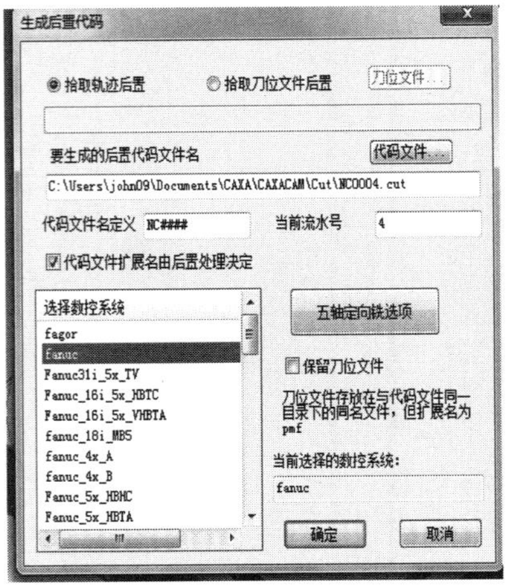

a)

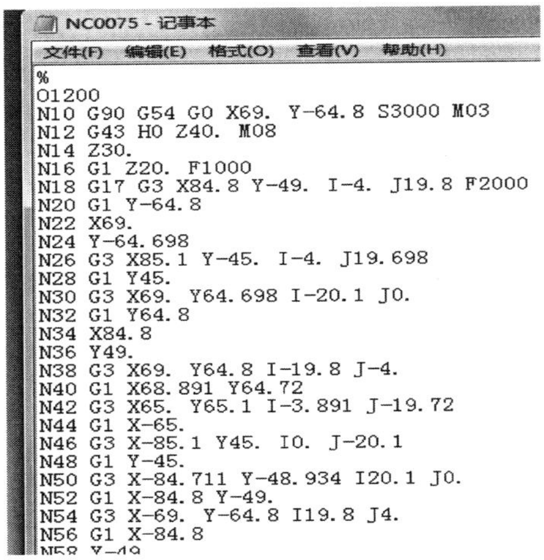


```
%
O1200
N10 G90 G54 G0 X69. Y-64.8 S3000 M03
N12 G43 H0 Z40. M08
N14 Z30.
N16 G1 Z20. F1000
N18 G17 G3 X84.8 Y-49. I-4. J19.8 F2000
N20 G1 Y-64.8
N22 X69.
N24 Y-64.698
N26 G3 X85.1 Y-45. I-4. J19.698
N28 G1 Y45.
N30 G3 X69. Y64.698 I-20.1 J0.
N32 G1 Y64.8
N34 X84.8
N36 Y49.
N38 G3 X69. Y64.8 I-19.8 J-4.
N40 G1 X68.891 Y64.72
N42 G3 X65. Y65.1 I-3.891 J-19.72
N44 G1 X-65.
N46 G3 X-85.1 Y45. I0. J-20.1
N48 G1 Y-45.
N50 G3 X-84.711 Y-48.934 I20.1 J0.
N52 G1 X-84.8 Y-49.
N54 G3 X-69. Y-64.8 I19.8 J4.
N56 G1 X-84.8
```

b)

图 2-141　生成加工程序

加工四个阶梯孔与钻孔步骤相似，具体步骤略。

6. ϕ40H7 孔加工

选用 ϕ20mm 立铣刀，采用铣圆孔方法粗铣 ϕ40H7 孔。铣圆孔参数设定如图 2-142 所示。设置加工余量为“1”，便于后续镗削加工，深度略大于零件厚度，其余参数根据刀具情况设定。设置完成后单击“确定”按钮，生成加工轨迹，如图 2-143 所示。

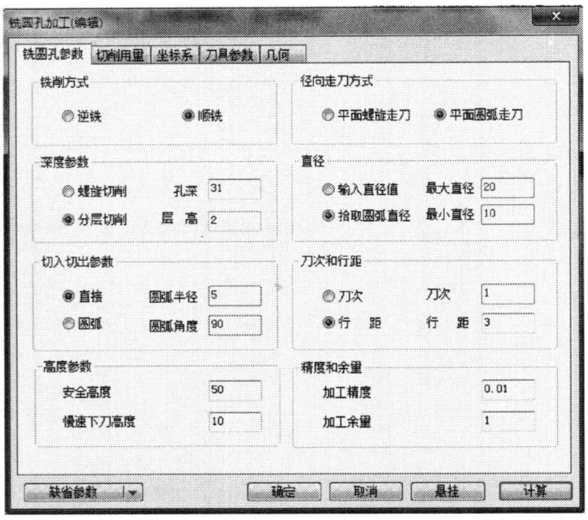

图 2-142　铣圆孔参数设定

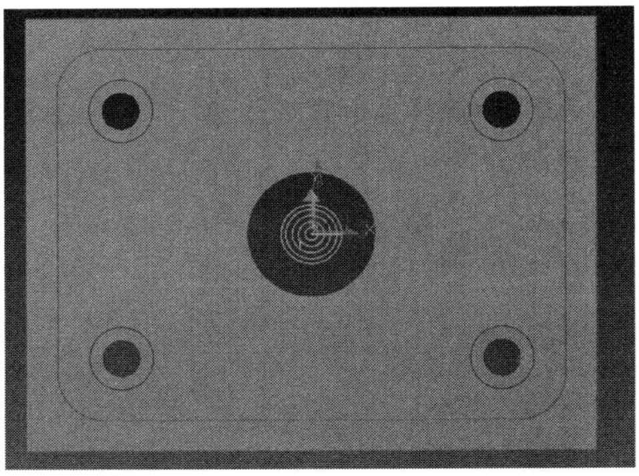

图 2-143　加工轨迹

粗镗 ϕ40H7 孔，加工方式选取镗孔，输入镗孔加工参数，如图 2-144 所示。生成加工轨迹如图 2-145 所示。根据测量的粗镗尺寸，按图样要求调整镗刀，进行精镗。具体操作步骤与粗镗一致，故省略。

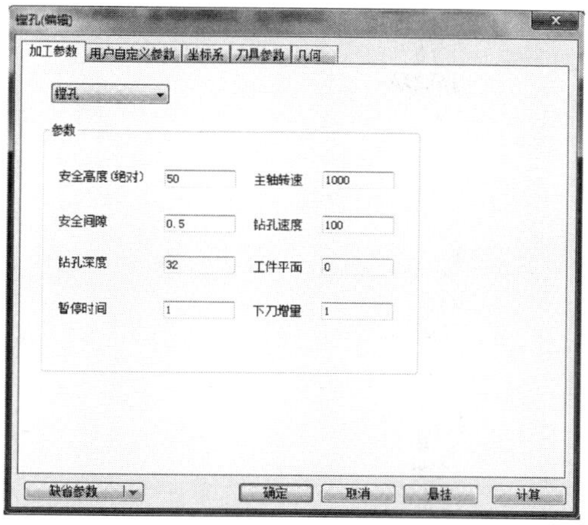

图 2-144　镗孔加工参数设定

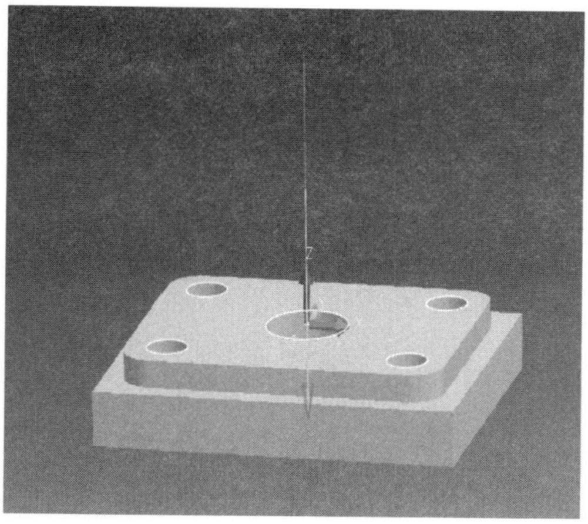

图 2-145　加工轨迹

【考核评价】

过程考核卡

项　目	检查内容	评分标准	得分与点评		
			配分	得分	点评
知识掌握（30%）	基本知识（习题）	正确	10		
	知识运用	合理正确	20		
师生互动（20%）	教师提出问题并指定学生回答	学生回答问题正确	10		
	小组互动	小组完成任务	10		
工艺与程序（40%）	程序内容	正确	5		
	程序格式	规范	5		
	工艺	合理	10		
	程序参数	选择正确	10		
	指令	选用合理	10		
团队协作（10%）	解决问题、完成任务	解决问题（及时、方法正确）、完成任务（顺利、完整）	10		
整改意见		整改措施			

【课后测评】

（一）判断题

1. 数控铣床/加工中心配备的固定循环功能与数控车床相同。（　　）

2. 数控铣床固定循环中刀具返回位置的选择是通过两个 G 代码来控制的：G99 是返回初始点，G98 是返回 R 点。（　　）

3. 孔加工循环与平面选择指令（G17、G18、G19）无关，即不管选择了哪个平面，孔加工都是在 *XY* 平面上定位，并在 *Z* 轴方向上完成加工。（ ）

4. 在使用 G73 和 G83 指令进行深孔加工编程时，两指令在钻孔时孔底动作均为快速返回。（ ）

5. 当不再使用固定循环指令时，应将其取消，使系统恢复到通常的加工状态。（ ）

（二）选择题（选出一个或多个正确答案）

1. 固定循环的一般格式“G90/G91 G98/G99 G __ __ X __ Y __ Z __ R __ Q __ P __ F __ K __;”中 R 代表（ ）。

A. 暂停时间　　B. 移动距离　　C. 安全高度　　D. 循环次数

2. 固定循环指令中攻螺纹循环指令有（ ）。

A. G73　　B. G74　　C. G83　　D. G84

3. 固定循环指令中调用 G74 指令前，主轴应先（ ）。

A. 暂停　　B. 准停　　C. 正转　　D. 反转

4. 粗镗孔循环指令中可通过手动方式将刀具移出孔外的指令是（ ）。

A. G85　　B. G86　　C. G88　　D. G89

5. 在固定循环中，刀具半径补偿指令无效，刀具长度补偿指令（G43、G44）在刀具至（ ）点时生效。

A. *R*　　B. *Z*　　C. *P*　　D. *Q*

项目三

数控铣床复杂典型零件加工

任务一　加工椭圆类零件——A 类宏程序

【任务目标】

知识目标

1. 掌握数控铣床/加工中心 A 类宏程序的基本格式。
2. 掌握数控铣床/加工中心 A 类宏程序的使用方法。

技能目标

1. 能够使用 A 类宏程序对简单曲面进行编程。
2. 能够灵活使用 A 类宏程序。

【任务描述】

序号	具体任务内容	任务要求
1	简单曲面加工方法	掌握规则曲线的 A 类宏程序
2	A 类宏程序编程方式	掌握 A 类宏程序指令
3	简单曲面的加工	灵活使用 A 类宏程序编程并合理制订加工工艺

图 3-1 所示为椭圆类零件加工任务图。

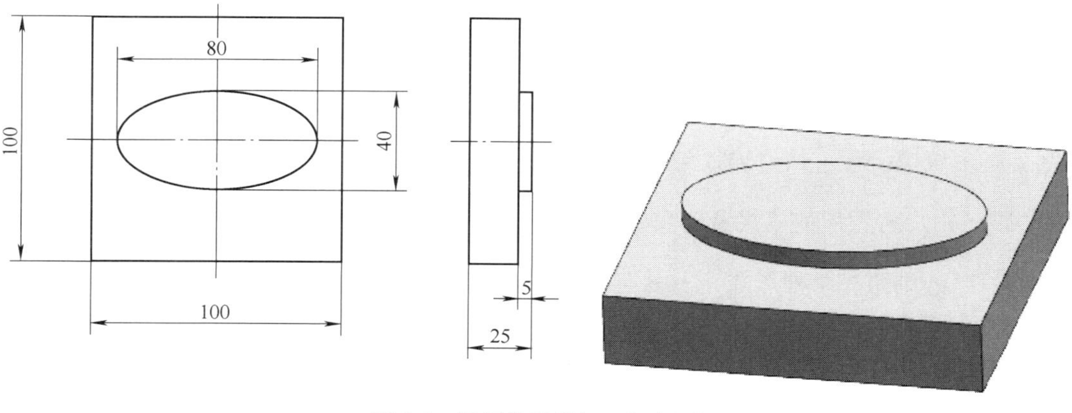

图 3-1　椭圆类零件加工任务图

【知识储备】

用户宏程序是FANUC数控系统及类似产品中的特殊编程功能。用户宏程序的实质与子程序相似，也是把一组实现某种功能的指令，以子程序的形式预先存储在系统存储器中，通过宏程序调用指令执行这一功能。在主程序中，只要编入相应的调用指令就能实现这些功能。一组以子程序的形式存储并带有变量的程序称为用户宏程序，简称宏程序；调用宏程序的指令称为用户宏程序指令或宏程序调用指令。

宏程序与普通程序相比较，普通程序的程序字为常量，一个程序只能描述一个几何形状，所以缺乏灵活性和适用性。而在用户宏程序的本体中，可以使用变量进行编程，还可以用宏指令对这些变量进行赋值、运算等处理。通过使用宏程序能执行一些有规律变化（如非圆二次曲线轮廓）的动作。

用户宏程序分为A、B两类。通常情况下，FANUC 0TD系统采用A类宏程序，而FANUC 0i系统则采用B类宏程序。

（一）变量

在常规的主程序和子程序内，总是将一个具体的数值赋给一个地址，为了使程序更加具有通用性、灵活性，故在宏程序中设置了变量。

变量的表示：一个变量由符号#和变量序号组成，如#i（i=1，2，3…）。

变量的引用：将跟随在地址符后的数值用变量来代替的过程称为变量的引用。

例如：G01 X#100 Y-#101 F#102；

当#100 = 100.0，#101 = 50.0，#102 = 80时，上面这句程序即表示为“G01X100.0Y-50.0F80;”

变量的种类：变量分为局部变量、公共变量（全局变量）和系统变量三种。在A、B类宏程序中，其分类均相同。

（1）局部变量　局部变量（#1~#33）是在宏程序中局部使用的变量。当宏程序1调用宏程序2而且都有变量#1时，由于变量#1服务于不同的局部，因此宏程序1中的#1与宏程序2中的#1不是同一个变量，故可以赋予不同的值，且互不影响。

（2）公共变量　公共变量（#100~#149、#500~#549）贯穿于整个程序过程。当宏程序1调用宏程序2而且都有变量#100时，由于#100是全局变量，因此宏程序1中的#100与宏程序2中的#100是同一个变量。

（3）系统变量　系统变量是指有固定用途的变量，它的值决定系统的状态。系统变量包括刀具偏置值变量、接口输入与接口输出信号变量及位置信号变量等。

（二）用户宏程序的格式及调用

宏程序的调用有两种形式：一种与子程序调用方法相同，即用指令M98进行调用；另一种用指令G65进行调用。

1. 用指令M98调用

下面先比较一下主程序、子程序和宏程序的格式。

主程序：

O0050；

……

M98 P0060；

……

M30；

宏程序的程序号由字符 O 及后面的 4 位数字组成，以 M99 指令作为宏程序调用结束标记。

O0060；

G65 H01 P#100 Q100；将值 100 赋给#100

G00 X#100 Y……；

……

M99；宏程序结束

2. 用指令 G65 调用

G65 P0070 L5 X100.0 Y100.0 Z-30.0；

其中，G65 为调用宏程序指令，该指令必须写在句首；P0070 表示宏程序的程序号为 O0070；L5 表示调用次数为 5；X100.0 Y100.0 Z-30.0 为变量引数，引数为有小数点的正、负数，注意此处的 X、Y、Z 并不代表坐标功能字。

（三）宏程序的运算和转移指令

1. 宏程序的运算指令

A 类宏程序的运算和转移指令见表 3-1。宏程序的运算指令通过 G65 的不同表达形式实现，其指令的一般形式为：

G65 H(m) P(#i) Q(#j) R(#k)；

其中，m 可以是 01~99 中的任何一个整数，表示运算指令或转移指令的功能；#i 表示存放运算结果的变量；#j 为需要运算的变量 1，也可以是常数，常数可以直接表示，不带“#”；#k 为需要运算的变量 2，也可以是常数，常数可以直接表示，不带“#”；指令所代表的意义为#i=#j○ #k；○代表运算符号，由 H（m）指定。

表 3-1　A 类宏程序的运算和转移指令

指令	H 代码	功　　能	定　　义
G65	H01	定义，替换	#i=#j
G65	H02	加	#i=#j+#k
G65	H03	减	#i=#j-#k
G65	H04	乘	#i=#j×#k
G65	H05	除	#i=#j/#k
G65	H11	逻辑或	#i=#jOR#k
G65	H12	逻辑与	#i=#jAND#k
G65	H13	异或	#i=#jXOR#k
G65	H21	平方根	#i=$\sqrt{\#j}$

（续）

指令	H 代码	功　　能	定　　义
G65	H22	绝对值	#i=｜#j｜
G65	H23	求余	#i=#j-trunc(#j/#k)×#k
G65	H24	十进制码变为二进制码	#i=BIN(#j)
G65	H25	二进制码变为十进制码	#i=BCD(#j)
G65	H26	复合乘/除	#i=(#i×#j)/#k
G65	H27	复合平方根 1	#i= $\sqrt{\#j^2+\#k^2}$
G65	H28	复合平方根 2	#i= $\sqrt{\#j^2-\#k^2}$
G65	H31	正弦	#i=#j×sin（#k）
G65	H32	余弦	#i=#j×cos（#k）
G65	H33	正切	#i=#j×tan（#k）
G65	H34	反正切	#i=arctan（#j/#k）
G65	H80	无条件转移	GOTOn
G65	H81	条件转移 1（EQ）	IF#j=#k，GOTOn
G65	H82	条件转移 2（NE）	IF#j≠#k，GOTOn
G65	H83	条件转移 3（GT）	IF#j>#k，GOTOn
G65	H84	条件转移 4（LT）	IF#j<#k，GOTOn
G65	H85	条件转移 5（GE）	IF#j≥#k，GOTOn
G65	H86	条件转移 6（LE）	IF#j≤#k，GOTOn
G65	H99	产生 P/S 报警	P/S 报警号 500+n 出现

例如：

G65 H02 P#100 Q#101 R#102；表示#100=#101+#102。

G65 H03 P#100 Q#101 R15；表示#100=#101-15。

G65 H04 P#100 Q-100 R#102；表示#100=-100×#102。

G65 H05 P#100 Q-100 R#102；表示#100=-100/#102。

变量值是不含小数点的数值，它以系统的最小输入单位为其值的单位。

例如，当#100=10 时，X#100 代表 0.01mm。当运算结果出现小数点后的数值时，其值将被舍去。另外，用 G65 指定的 H 代码，对选择刀具长度补偿的偏置号没有任何影响。

例如：

若#100=37，#101=10，执行如下指令，其运算结果如下：

#110=#100÷#101；结果为 3，小数点后的数值被舍去。

在使用宏程序运算指令中，当变量以角度形式指定时，其单位是 0.001°。

在各运算中，当必要的 Q、R 没有指定时，系统自动将其值作为“0”参加运算，而且运算，转移指令中的 H、P、Q、R 都必须写在 G65 之后，因此在 G65 以前的地址符只能有 O、N。

2. 宏程序的转移指令

宏程序的转移指令与运算指令相似，即通过指令 G65 的不同表达形式实现。A 类宏程序的转移指令分为无条件转移指令和条件转移指令两类。

（1）无条件转移指令

指令格式：

G65 H80 Pn；“n”为目标程序段号。

例如：G65 H80 P120；

执行该程序段时，将无条件转移到 N120 程序段。

（2）条件转移指令。

指令格式：

G65 H8× Pn Q#J R#k；H81～H86。

例如：G65 H83 P1000 Q#201 R#202；

当#201>#202 时，转移到 N1000 程序段；当#201≤#202 时，程序继续执行。

【任务实施】

实施方案一　手工编程

任务分析

由于该零件为规则曲面类零件，根据这类零件的加工方法，在一般数控铣床上无法采用简单的编程指令进行加工。因此，采用宏程序进行编程，为了学习的循序渐进，本任务采用 A 类宏程序进行编程。选择在数控铣床上加工图 3-1 所示的曲面零件。

实施步骤

（一）任务准备

1）准备与数控技术与操作相关的教学资料，包括教材、教参、多媒体课件、视频文件、工作任务书等。

2）准备教学用辅具、毛坯及刀具。

3）准备相关工艺生产资料。

4）安全文明教育。

（二）工艺分析

1. 零件图样分析

从图 3-1 中可以看出加工内容为椭圆，可采用 A 类宏程序进行编程。

2. 确定工件的安装与加工方法

（1）选择数控机床　本任务选择的机床为 KND 100M 系统数控铣床。

（2）确定工件的安装方法　用机用虎钳装夹。

3. 选择刀具与铣削用量

（1）选择刀具　选择直径为 ϕ10mm 的高速钢立铣刀。

（2）选择铣削用量　切削用量推荐值：精加工主轴转速 $n=1000$r/min；进给速度 $v_f=$ 100mm/min。

（三）编制数控铣加工程序

椭圆的标准方程为 $\frac{x^2}{a^2}+\frac{y^2}{b^2}=1$，参数方程为 $x=a\text{coa}\alpha$、$y=b\sin\alpha$。其中，a 为长半轴，b 为短半轴。以工件上表面为 Z0，平面对称中心为工件编程原点。宏程序中以角度 α 作为自变量，每次变化 0. 5°，从 180°开始减少到-180°结束。

本次任务使用直径为 10mm 的立铣刀精加工，使用以下变量用于操作运算：

#1：角度增量（α）；

#2：椭圆 X 向尺寸；

#3：椭圆 Y 向尺寸。

曲面零件精加工程序见表 3-2。

表 3-2　曲面零件精加工程序

程　　序	说　　明
O0001;	精加工程序
N10 G40 G90 G54 G00 X-60. 0 Y-55. 0 Z100. 0;	程序初始化
N20 S1000 M03;	
N30 G00 Z5. 0;	
N40 G01 Z-5. 0 F50;	
N50 G41 D01 X-40. 0;	
N60 G01 Y0 F100;	
N70 G65 H01 P#1 Q180000;	自变量赋值（角度 α），180°起始
N80 G65 H32 P#2 Q40000 R#1;	椭圆的参数方程，表达椭圆上点坐标与自变量关系
N90 G65 H31 P#3 Q20000 R#1;	
N100 G01 X#2 Y#3;	完成到运算点加工
N110 G65 H03 P#1 Q#1 R500;	自变量改变
N120 G65 H85 P80 Q#1 R-180000;	判别自变量是否达到要求
N130 G01 Y55. 0;	
N140 G40 X-60. 0;	
N150 G00 Z100. 0;	
N160 M05;	
N170 M30;	

注意事项：程序中变量赋值也可以使用公共变量#500~#549 进行赋值。对于变量#500~#549 的赋值，可以采用表 3-2 中的赋值方法，也可以用“MDI”方式对其赋值。

对于简单的宏程序可以使用刀具半径补偿。但是最好不要在宏程序中使用刀具半径补偿，因为有些系统刀具半径补偿寄存器和变量有冲突。

实施方案二　CAXA 自动编程

（一）曲面零件实体造型（步骤略）

曲面零件的实体造型如图 3-2 所示。

（二）曲面零件加工

1）单击菜单【造型】→【曲线生成】→【相关线】，或直接单击“曲线生成栏”中的“相关线”按钮，弹出立即菜单，选择“实体边界”命令。单击拾取相关线（分别是长为 100 的矩形和长半轴为 40、短半轴为 20 的椭圆，如图 3-3 所示。

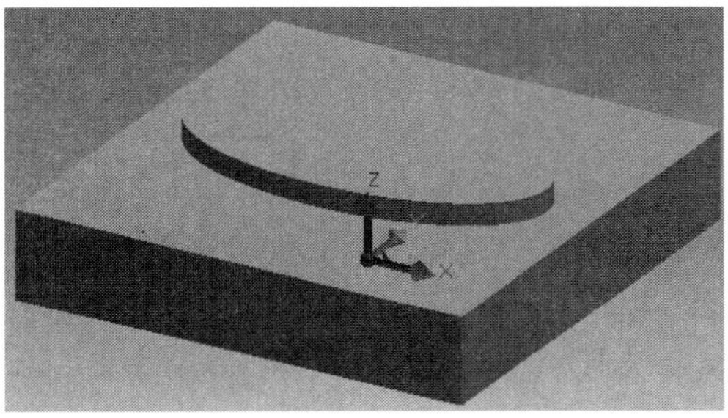

图 3-2　曲面零件的实体造型

图 3-3　相关线

2）定义毛坯。

①选择特征树中的“加工管理”选项，双击特征树中的“毛坯”，弹出“毛坯定义”对话框，如图 3-4 所示。

②单击“拾取两角点”按钮，基准点的 X 坐标为−50，Y 坐标为−50，Z 坐标为 0；长宽高的长为 100，宽为 100，高为 25。或单击“参照模型”按钮，调整完后单击“确定”按钮，生成的毛坯图形如图 3-5 所示。

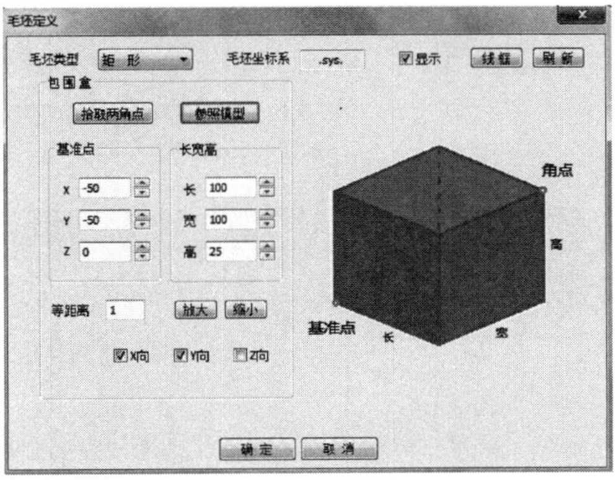

图 3-4　“毛坯定义”对话框

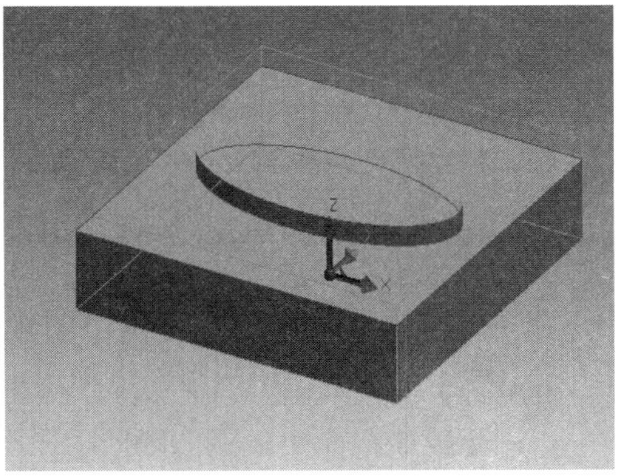

图 3-5　毛坯图形

3）单击菜单【加工】→【粗加工】→【平面区域粗加工】，或直接单击工具栏中的

“平面区域粗加工”按钮，在弹出的“平面区域粗加工”对话框中单击“加工参数”等标签，按图 3-6~图 3-9 所示设置各选项卡。

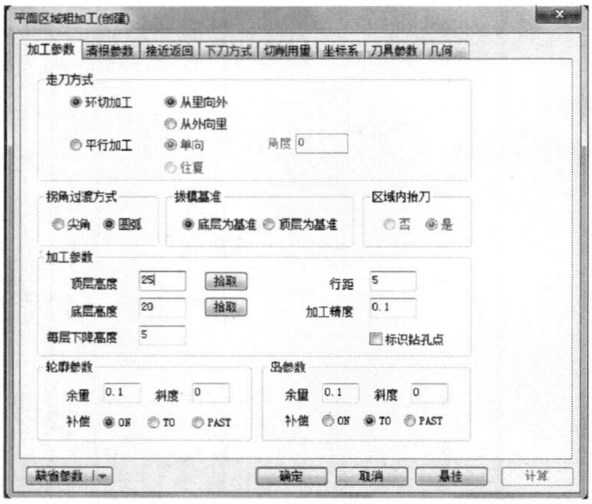

图 3-6 加工参数

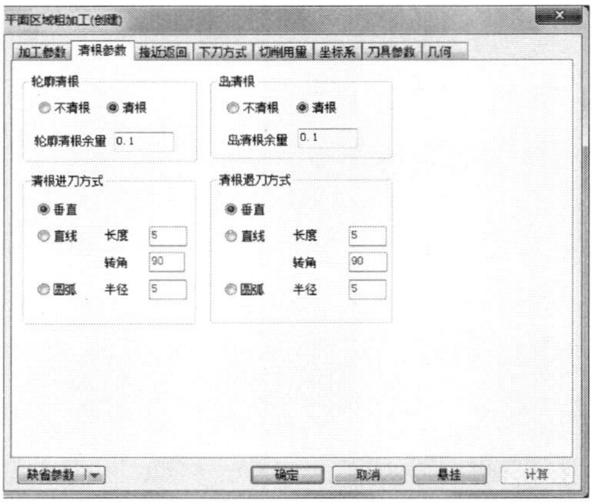

图 3-7 清根参数

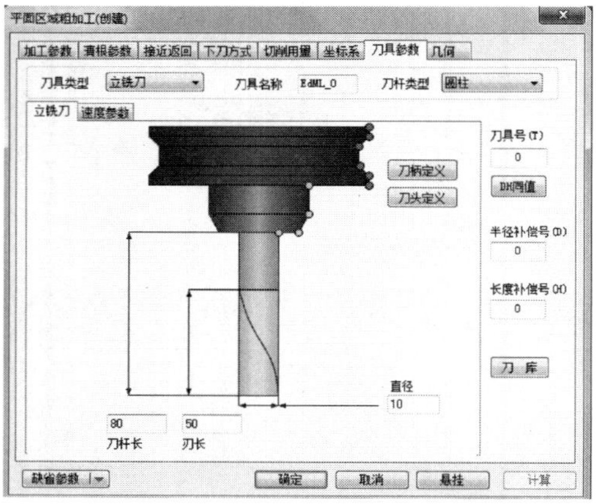

图 3-8 刀具参数

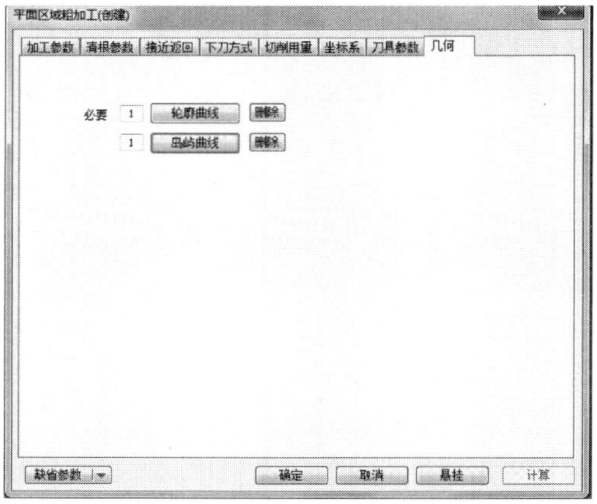

图 3-9 几何

注意：接近返回、下刀方式、切削用量、坐标系等选项卡均不用设置。图 3-9 中“轮廓曲线”选取长为 100、宽为 100 的矩形，“岛屿曲线”选取长半轴为 40、短半轴为 20 的椭圆，如图 3-10 所示。完成后单击“确定”按钮，生成加工轨迹，如图 3-11 所示。

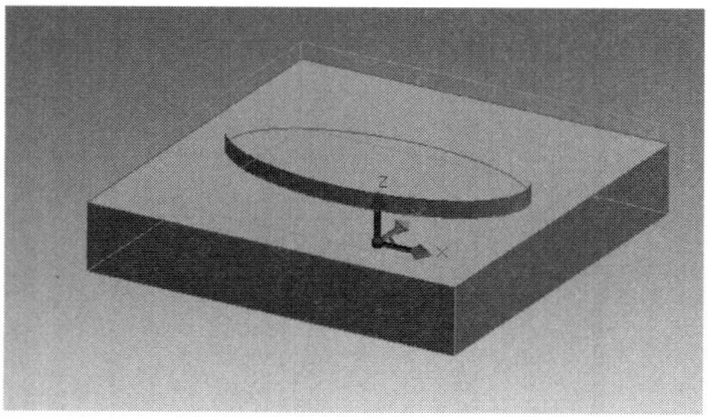

图 3-10 选择轮廓曲线和岛屿曲线

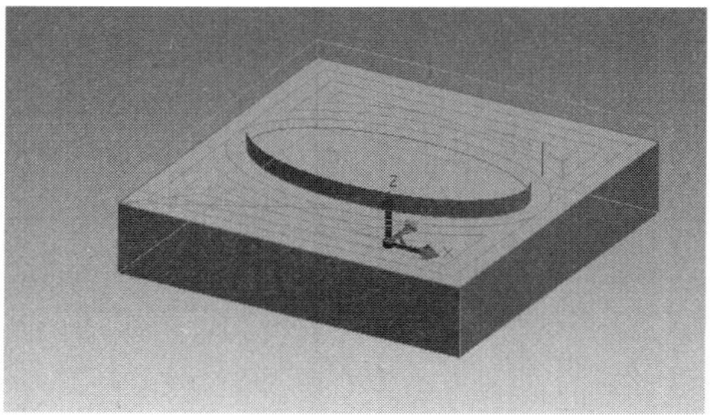

图 3-11 加工轨迹

4）单击菜单【加工】→【精加工】→【平面轮廓精加工】，或直接单击工具栏中的“平面轮廓精加工”按钮 ，在弹出的“平面轮廓精加工”对话框中单击“加工参数”等标签，按图 3-12～图 3-14 所示设置各选项卡，其他各选项卡均不用设置。

图 3-12　加工参数

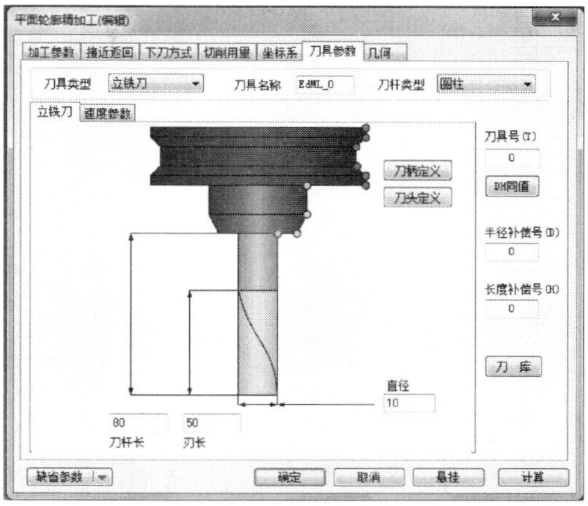

图 3-13　刀具参数

注意：图 3-14 中“轮廓曲线”拾取长半轴为 40、短半轴为 20 的椭圆，如图 3-15 所示，进刀点、退刀点均为默认设置，设置完成后单击“确定”按钮，生成加工轨迹，如图 3-16 所示。

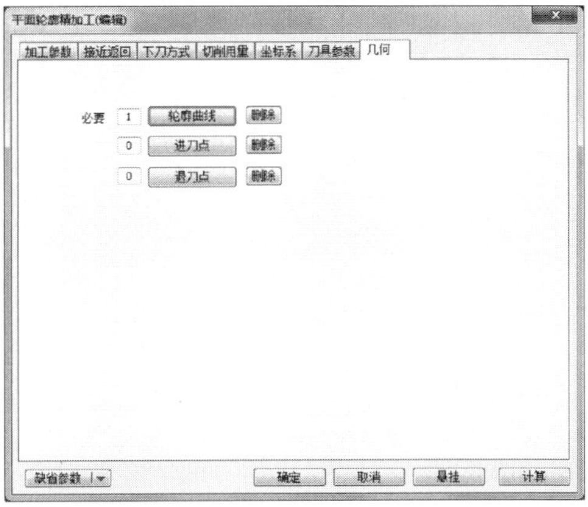

图 3-14　几何

图 3-15　选择轮廓曲线

5）单击菜单【加工】→【后置处理】→【生成 G 代码】，弹出“生成后置代码”对话框，如图 3-17 所示。选择要生成 G 代码的刀具轨迹，可以连续选择多条刀具轨迹。在“选择数控系统”下拉列表中选择“fanuc”，单击“确定”按钮后在空白处右击，生成加工程序，如图 3-18 所示。

图 3-16　加工轨迹

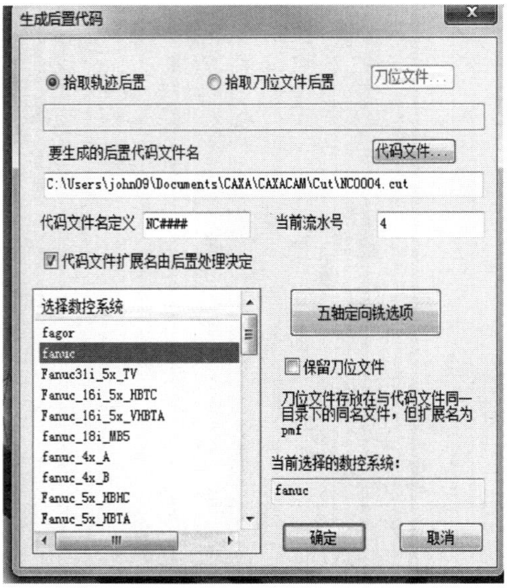

图 3-17 “生成后置代码”对话框

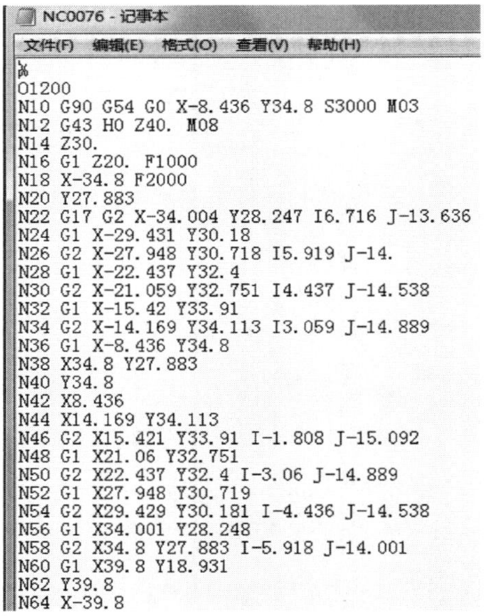


```
%
O1200
N10 G90 G54 G0 X-8.436 Y34.8 S3000 M03
N12 G43 H0 Z40. M08
N14 Z30.
N16 G1 Z20. F1000
N18 X-34.8 F2000
N20 Y27.883
N22 G17 G2 X-34.004 Y28.247 I6.716 J-13.636
N24 G1 X-29.431 Y30.18
N26 G2 X-27.948 Y30.718 I5.919 J-14.
N28 G1 X-22.437 Y32.4
N30 G2 X-21.059 Y32.751 I4.437 J-14.538
N32 G1 X-15.42 Y33.91
N34 G2 X-14.169 Y34.113 I3.059 J-14.889
N36 G1 X-8.436 Y34.8
N38 X34.8 Y27.883
N40 Y34.8
N42 X8.436
N44 X14.169 Y34.113
N46 G2 X15.421 Y33.91 I-1.808 J-15.092
N48 G1 X21.06 Y32.751
N50 G2 X22.437 Y32.4 I-3.06 J-14.889
N52 G1 X27.948 Y30.719
N54 G2 X29.429 Y30.181 I-4.436 J-14.538
N56 G1 X34.001 Y28.248
N58 G2 X34.8 Y27.883 I-5.918 J-14.001
N60 G1 X39.8 Y18.931
N62 Y39.8
N64 X-39.8
```

图 3-18 加工程序

【考核评价】

过程考核卡

项目	检查内容	评分标准	得分与点评		
			配分	得分	点评
知识掌握（30%）	基本知识（习题）	正确	10		
	知识运用	合理正确	20		
师生互动（20%）	教师提出问题并指定学生回答	学生回答问题正确	10		
	小组互动	小组完成任务	10		
工艺与程序（40%）	程序内容	正确	5		
	程序格式	规范	5		
	工艺	合理	10		
	程序参数	选择正确	10		
	指令	选用合理	10		
团队协作（10%）	解决问题、完成任务	解决问题（及时、方法正确）、完成任务（顺利、完整）	10		
整改意见		整改措施			

【课后测评】

(一) 判断题

1. A 类宏程序只有用 M98 指令才能调用。 (   )
2. A 类宏程序的变量是“#”加任意字母。 (   )
3. A 类宏程序可以用“+”“-”“×”“/”符号。 (   )
4. A 类宏程序可以进行加减乘除运算。 (   )
5. 条件转移指令代码 H82 为等于转移。 (   )

(二) 选择题(选出一个或多个正确答案)

1. A 类宏程序可以出现的字符有(   )。
   A. #110 B. #187 C. #1 D. ×
2. A 类宏程序中 180°的角度值可表示为(   )。
   A. π B. 180° C. 180.0 D. 180000
3. 在 A 类宏程序中表示加法运算的 H 代码是(   )。
   A. H01 B. H02 C. H03 D. H04
4. 在 A 类宏程序中表示正弦运算的 H 代码是(   )。
   A. H31 B. H32 C. H33 D. H34
5. 在 A 类宏程序中条件转移语句 H81 代表(   )。
   A. 不等于转移 B. 等于转移 C. 大于转移 D. 大于或等于转移

任务二 加工多孔类零件——B 类宏程序

【任务目标】

知识目标

1. 掌握数控铣床/加工中心 B 类宏程序的基本格式。
2. 掌握数控铣床/加工中心 B 类宏程序的使用方法。

技能目标

1. 能够使用 B 类宏程序对简单曲面进行编程。
2. 能够灵活使用 B 类宏程序。

【任务描述】

序号	具体任务内容	任务要求
1	复杂孔系加工方法	掌握规则曲线的 B 类宏程序
2	B 类宏程序编程方式	掌握 B 类宏程序指令
3	复杂孔系的加工	灵活使用 B 类宏程序编程并合理制订加工工艺

图 3-19 所示为多孔类零件加工任务图。

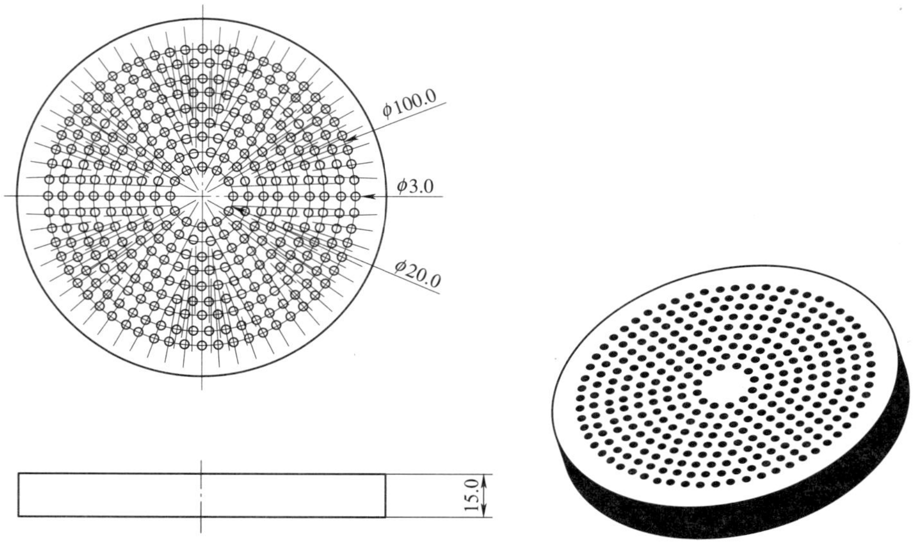

图 3-19　多孔类零件加工任务图

技术要求：孔在外圆均布 60 个，以后每圈直径减小 10mm，均布孔数减少 6 个。

【知识储备】

在 FANUC 0MD 等老型号的数控系统面板上没有“+”“-”“×”“/”“=”“［］”等符号，故不能进行这些符号的输入，也不能用这些符号进行赋值及数学运算。所以，在这类系统中只能按 A 类宏程序进行编程。而在 FANUC 0i 及其后（如 FANUC 18i 等）的系统中，则可以输入这些符号，并运用这些符号进行赋值及数学运算，即按 B 类宏程序进行编程。

（一）变量

B 类宏程序的变量与 A 类宏程序的变量基本相似，主要区别有以下几个方面。

1. 变量的表示

B 类宏程序除可采用 A 类宏程序的变量表示方法外，还可以用表达式进行表示，但其表达式必须全部写入方括号“［］”中，程序中的圆括号“（）”仅用于注释。

例如：#［#1+#2+10］当#1=10，#2=100 时，该变量表示#120。

2. 变量的引用

引用变量也可以采用表达式。

例如：G01 X［#100-30.0］Y-#101 F［#101+#103］;

当#100=100.0，#101=50.0，#103=80.0 时，上面的程序段即表示为“G01 X70.0 Y-50.0 F130;”。

（二）变量的赋值

1. 直接赋值

变量可以在操作面板上用 MDI 方式直接赋值，也可在程序中以等式方式赋值，但等号左边不能用表达式。例如#100 = 100. 0；#100 = 30. 0+20. 0。

2. 引数赋值

宏程序以子程序方式出现，所用的变量可在调用宏程序时赋值。

例如：G65 P1000 X100. 0 Y30. 0 Z20. 0 F100. 0；

其中，X、Y、Z 并不代表坐标功能字，F 也不代表进给功能字，而是对应于宏程序中的变量号，变量的具体数值由引数后的数值决定。引数宏程序中的变量对应关系有两种，这两种方法可以混用，其中 G、L、N、O、P 不能作为引数代替变量赋值。变量赋值方法见表 3-3 和表 3-4。

表 3-3　变量赋值方法 1

引数	变量	引数	变量	引数	变量
A	#1	I	#4	T	#20
B	#2	J	#5	U	#21
C	#3	K	#6	V	#22
D	#7	M	#13	W	#23
E	#8	Q	#17	X	#24
F	#9	R	#18	Y	#25
H	#11	S	#19	Z	#26

表 3-4　变量赋值方法 2

引数	变量	引数	变量	引数	变量
A	#1	K3	#12	J7	#23
B	#2	I4	#13	K7	#24
C	#3	J4	#14	I8	#25
I1	#4	K4	#15	J8	#26
J1	#5	I5	#16	K8	#27
K1	#6	J5	#17	I9	#28
I2	#7	K5	#18	J9	#29
J2	#8	I6	#19	K9	#30
K2	#9	J6	#20	I10	#31
I3	#10	K6	#21	J10	#32
J3	#11	I7	#22	K10	#33

1）变量引数赋值方法 1：

G65 P0030 A50. 0 I40. 0 J100. 0 K0 I20. 0 J10. 0 K40. 0；

经赋值后，#1 = 50. 0，#4 = 40. 0，#5 = 100. 0，#6 = 0，#7 = 20. 0，#8 = 10. 0，#9 = 40. 0。

2）变量引数赋值方法 2：

G65 P0020 A50. 0 X40. 0 F100. 0；

经赋值后，#1 = 50. 0，#24 = 40. 0，#9 = 100. 0。

3）变量引数赋值方法 1 和 2 混合使用：

G65 P0030 A50.0 D40.0 I100.0 K0 I20.0;

经赋值后，I20.0 与 D40.0 同时分配给变量#7，则后一个#7 有效，所以变量#7=20.0，其余同上。

直接赋值法和引数赋值法相比，在实际编程过程中推荐使用直接赋值法，因为这样的赋值直接明了，不容易出错。

（三）运算指令

B 类宏程序的运算指令与 A 类宏程序的运算指令有很大的区别，它的运算类似于数学运算，仍用各种数学符号来表示。B 类宏程序变量的各种运算见表 3-5。

表 3-5　B 类宏程序变量的各种运算

功　能	格　式	备注与具体示例
定义，转换	#i=#j	#100=#1，#100=30.0
加法	#i=#j+#k	#100=#1+#2 #100=100.0-#2 #100=#1 * #2 #100=#1/30
减法	#i=#j-#k	
乘法	#i=#j * #k	
除法	#i=#j/#k	
正弦	#i=SIN [#j]	#100=SIN [#1] #100=COS [36.3=#2] #100=ATAN [#1]/[#2]
反正弦	#i=ASIN [#j]	
余弦	#i=COS [#j]	
反余弦	#i=ACOS [#j]	
正切	#i=TAN [#j]	
反正切	#i=ATAN [#j]	
平方根	#i=SQRT [#j]	#100=SQRT [#1 * #1-100] #100=#EXP [#1] #1=1.2 #2=FIX [#1] #2=1 #1=-1.2 #2=FIX [#1] #2=-1
绝对值	#i=ABS [#j]	
舍入	#i=ROUND [#j]	
下取整	#i=FIX [#j]	
上取整	#i=FUP [#j]	
自然对数	#i=LN [#j]	
指数函数	#i=EXP [#j]	
或	#i=[#j]OR#k	逻辑运算一位一位地按二进制执行
异或	#i=[#j]XOR#k	
与	#i= [#j] AND#k	
BCD 转 BIN	#i=BIN [#j]	用于与 PMC 的信号交换
BIN 转 BCD	#i=BCD [#j]	

1）函数 SIN、COS 等的角度单位是（°），（′）和（″）要换算成（°）。如 90°30′应表示为 90.5°，30°18′应表示为 30.3°。

2）宏程序数学计算的顺序：函数运算（SIN、COS、ATAN 等），乘和除运算（×、/、AND 等），加和减运算（+、-、OR、XOR 等）。

例如：#1=#2+#3×SIN[#4]；

其运算顺序为函数 SIN[#4]→乘和除运算#3×SIN[#4]→加和减运算#2+#3×SIN[#4]。

3）函数中的括号用于改变运算顺序，允许嵌套使用，但最多只允许嵌套 5 层。

例如：#1=SIN[[[#2+#3]×4+#5]/#6]；

4）宏程序中的上、下取整运算。数控系统在进行数值运算时，若操作产生的整数大于原数时为上取整，反之为下取整。

例如：

设#1=1.2，#2=-1.2。

执行#3=FUP[#1] 时，2.0 赋给#3。

执行#3=FIX[#1] 时，1.0 赋给#3。

执行#3=FUP[#2] 时，-2.0 赋给#3。

执行#3=FIX[#2] 时，-1.0 赋给#3。

（四）控制指令

控制指令起到控制程序流向的作用。

1. 分支语句

1）格式一：GOTOn；

例如：GOTO1000；

该例为无条件转移。当执行该程序段时，将无条件转移到 N1000 程序段执行。

2）格式二：IF ［条件表达式］ GOTOn；

例如：IF ［#1GT#100］ GOTO1000；

该例为有条件转移语句。如果条件成立，则转移到 N1000 程序段执行；如果条件不成立，则执行下一程序段。B 类宏程序条件表达式的种类见表 3-6。

表 3-6　B 类宏程序条件表达式的种类

运　算　符	含　　义
EQ	等于（=）
NE	不等于（≠）
GT	大于（>）
GE	大于或等于（≥）
LT	小于（<）
LE	小于或等于（≤）

2. 循环指令

循环指令格式：WHILE ［条件表达式］ DOm （m=1，2，3…）；

……

ENDm；

当条件满足时，就循环执行 WHILE 与 END 之间的程序段；当条件不满足时，就执行 ENDm 的下一个程序段。

【任务实施】

任务分析

该任务在圆盘上加工 324 个直径为 3mm 的孔，孔在外圆均布 60 个，以后每圈直径减小 10mm，均布孔数减少 6 个，可以采用宏程序进行编程。该任务数学关系式比较繁琐，若使用 A 类宏程序编程表达则不够简单明了，因此该任务采用 B 类宏程序进行编程。

实施步骤

（一）任务准备

1）准备与数控技术与操作相关的教学资料，包括教材、教参、多媒体课件、视频文件、工作任务书等。

2）准备教学用辅具、毛坯及刀具。

3）准备相关工艺生产资料。

4）安全文明教育。

（二）工艺分析

1. 零件图样分析

从图 3-19 中可以看出加工内容为复杂的孔系。

2. 确定工件的安装与加工方法

（1）选择数控机床　本任务选择的机床为 FANUC 0i MA 系统铣床。

（2）确定工件的安装方法　用自定心卡盘装夹工件。

3. 选择刀具与铣削用量

（1）选择刀具　选择 ϕ3mm 的高速钢钻头。

（2）选择铣削用量　切削用量推荐值：主轴转速 n = 2000r/min，进给速度 v_f = 40mm/min。

（三）编制数控铣加工程序

以工件上表面为 Z0，平面对称中心为工件编程原点。

本任务加工的孔深度一致，用每圈孔的数量作为自变量，用孔数表示孔与孔角度的大小，通过角度表示该圈孔中心点的 X、Y 坐标值；然后改变孔的数量和孔分布大圆的直径，表示出变化后的孔中心点的 X、Y 坐标值，用孔的数量判断宏程序是否结束。

复杂孔系的加工程序见表 3-7。其中，#1 为孔系外圆半径；#2 为每圈孔的数量。

表 3-7　复杂孔系的加工程序

程　序	说　明
O0001;	钻孔加工程序号
N10 G40 G90 G54 G00 G21 G17;	程序初始化
N20 G91 G28 Z0. 0;	
N30　G90 G00 X40. 0 Y0. 0 Z100. 0;	

（续）

程　　序	说　　明
N40 S2000 M03;	
N50 #1=50.0;	对孔分布圆的半径、孔的数量赋值
N60 #2=60.0;	
N70 #3=360.0/#2;	直径和孔数量变化宏程序
N80 #4=0;	对每圈孔按角度加工进行赋值，起始角度为0°
N90 #5=#1 * cos [#4];	加工每圈孔的宏程序；用角度和半径分别算出每个孔中心点的 *X*、*Y* 坐标值
N100 #6=#1 * sin [#4];	
N110 G99 G81 X#5 Y#6 Z-20.0 R5.0 F40;	
N120 #4=#4+#3;	
N130 IF [#4LE360.0] GOTO2;	
N140 #1=#1-5.0;	改变每圈孔的直径和数量对应 N70 的循环
N150 #2=#2-6.0;	
N160 IF [#1GE10.0] GOTO1;	
N170 G98 G80;	
N180 G00 Z100.0;	
N190 M05;	
N200 M30;	

【考核评价】

过程考核卡

项目	检查内容	评分标准	得分与点评		
			配分	得分	点评
知识掌握（30%）	基本知识（习题）	正确	10		
	知识运用	合理正确	20		
师生互动（20%）	教师提出问题并指定学生回答	学生回答问题正确	10		
	小组互动	小组完成任务	10		
工艺与程序（40%）	程序内容	正确	5		
	程序格式	规范	5		
	工艺	合理	10		
	程序参数	选择正确	10		
	指令	选用合理	10		
团队协作（10%）	解决问题、完成任务	解决问题（及时、方法正确）、完成任务（顺利、完整）	10		
整改意见		整改措施			

【课后测评】

（一）判断题

1. B 类宏程序用 H 代码来完成加减乘除运算。（　　）
2. B 类宏程序可以使用“+”“-”“×”“/”符号。（　　）
3. B 类宏程序因为没有中括号，所以只能完成有小括号的运算。（　　）
4. B 类宏程序条件转移语句只有 IF 语句。（　　）
5. B 类宏程序变量赋值必须使用引数赋值。（　　）

（二）选择题（选出一个或多个正确答案）

1. B 类宏程序使用引数赋值时，引数 A 代表变量（　　）。
   A. #1　　B. #2　　C. #3　　D. #4
2. B 类宏程序中［　　］最多可以嵌套（　　）层。
   A. 3　　B. 4　　C. 5　　D. 6
3. 使用 IF［　　］GOTOn 语句，其中 n 代表（　　）。
   A. 次数　　B. 行号　　C. 赋值　　D. 没有意义
4. B 类宏程序条件转移语句中 EQ 代表（　　）。
   A. =　　B. >　　C. <　　D. ≠
5. B 类宏程序条件转移语句中 GE 代表（　　）。
   A. >　　B. =　　C. ≠　　D. ≥

项目四

综合加工练习

任务一　综合加工练习一

【任务目标】

实训目的

1. 学习并遵守数控铣床的安全文明操作与日常维护规程。
2. 掌握典型零件的程序编制方法。
3. 根据任务完成技术文件卡片。
4. 初步了解数控铣床的加工过程。
5. 观察并了解典型零件在数控铣床上的加工工艺。
6. 掌握典型零件在数控铣床上的加工方法。

实训要求

1. 查找资料，熟练掌握数控铣床面板的操作方法。
2. 能进行程序输入，熟练掌握输入技巧。
3. 能够在数控铣床上加工零件。

【任务描述】

序号	具体任务内容	任务要求
1	查阅数控铣床说明书，熟悉操作面板	填写“过程考核卡”的相关信息
2	分析凸台槽孔板零件的加工工艺	
3	填写工艺文件，编写加工程序	

图 4-1 所示为凸台槽孔板加工任务图。

【任务实施】

实施方案一　手工编程

任务分析

该任务主要涉及六边形凸台外轮廓、腰形槽及孔的加工，因此，在编程过程中要特别注意刀具半径补偿在程序中的应用。需要掌握孔加工固定循环编程方法及孔加工工艺等理论知

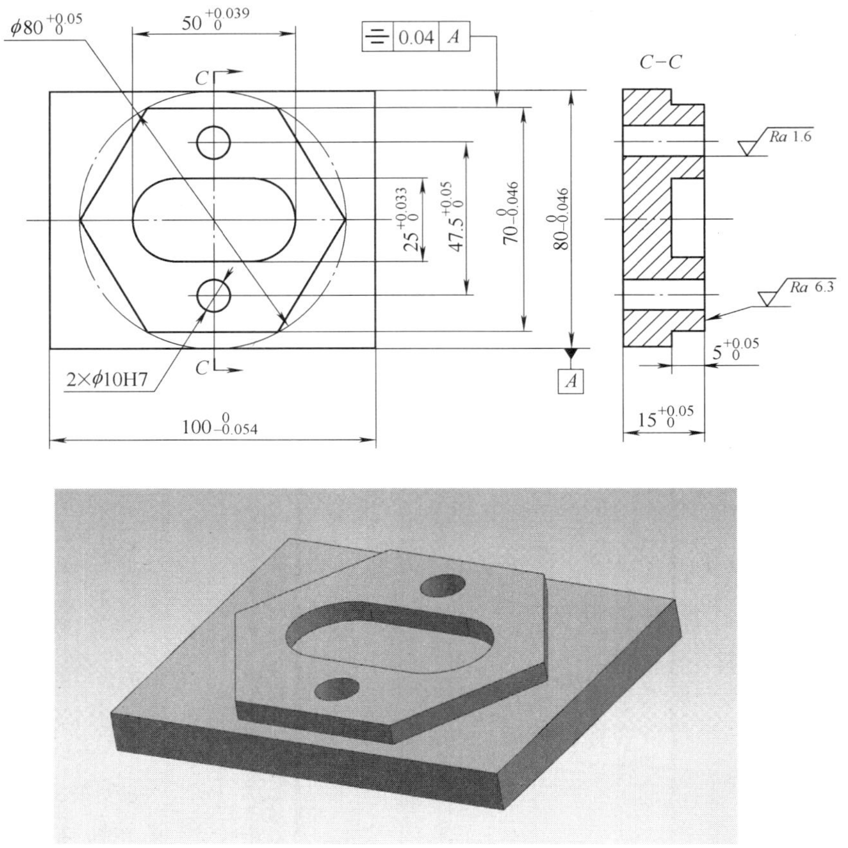

图 4-1　凸台槽孔板加工任务图

识。在编写孔加工固定循环程序时，要注意避免刀具在以 G00 方式进刀和退刀过程中与夹具或工件发生干涉。为保证该工件的加工质量，加工前需选用合适的夹具进行装夹并进行仔细的找正，加工时应选用合适的精加工余量。

凸台槽孔板零件如图 4-1 所示，毛坯尺寸为 110mm×90mm×20mm，底面、四方轮廓已加工，毛坯材料为 45 钢。按单件生产安排其数控铣削工艺，编写出加工程序。

实施步骤

（一）凸台槽孔板零件的工艺设计

1. 工艺分析

根据图样要求、毛坯及前道工序加工情况，确定工艺方案及加工路线。

（1）工件装夹　首先找正固定钳口的平行度以及工件上表面的平行度，确保精度要求。以已加工过的底面为定位基准，并用垫铁支承底面，用机用虎钳夹紧工件的两侧面，工件上表面高出钳口 12mm 左右，并固定于铣床工作台上。

（2）确定加工顺序

1）外轮廓的粗、精加工。批量生产时，粗、精加工刀具要分开，本例采用同一把刀具进行。粗加工单边留 0. 2mm 的加工余量。

①外形轮廓铣削。安装 ϕ 16mm 的立铣刀（T01）并对刀，去除轮廓边角料，走刀路线如图 4-2 所示。

以走刀路线最短原则，去除轮廓四个角的落角料，以最快效率去除零件粗加工的余量。安排走刀路线为 $A \rightarrow B \rightarrow C \rightarrow D$。

②六边形外轮廓的粗、精加工。采用同一把刀具，同一加工程序，通过改变刀具半径补偿值的方法来实现其粗、精加工。

外轮廓加工采取切向进刀、切向退刀方式，进、退刀圆弧为 R10mm。如图 4-3 所示，走刀路线为 $A \rightarrow B \rightarrow C \rightarrow D \rightarrow \cdots \rightarrow I$。

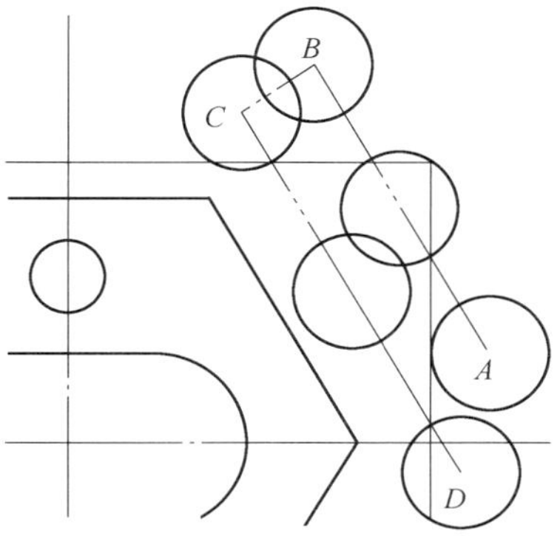

图 4-2　外轮廓去边角料的走刀路线

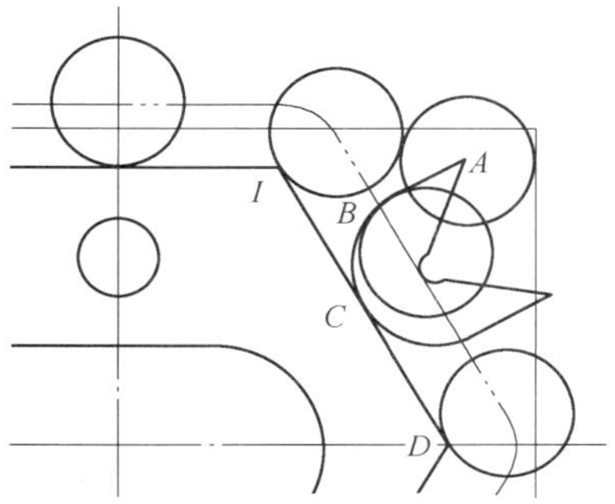

图 4-3　六边形凸台轮廓粗、精加工的走刀路线

2）腰形槽的粗、精铣削。采用与外形加工相同的刀具进行，以减少换刀次数和零件深度尺寸的加工误差。

①腰形槽铣削粗加工。安装 ϕ 16mm 的立铣刀（T01）并对刀，粗铣腰形槽。采用 Z 字形斜插式下刀方式，如图 4-4 所示。

②半精铣、精铣腰形槽。半精铣、精铣采用同一程序，通过设置刀补值控制加工余量，以达到尺寸要求。

腰形槽轮廓加工采取切向进刀、切向退刀方式，进、退刀圆弧为 R12mm。如图 4-5 所示，走刀路线为 $O \rightarrow A \rightarrow B \rightarrow C \rightarrow D \rightarrow E \rightarrow F \rightarrow B \rightarrow G \rightarrow O$。

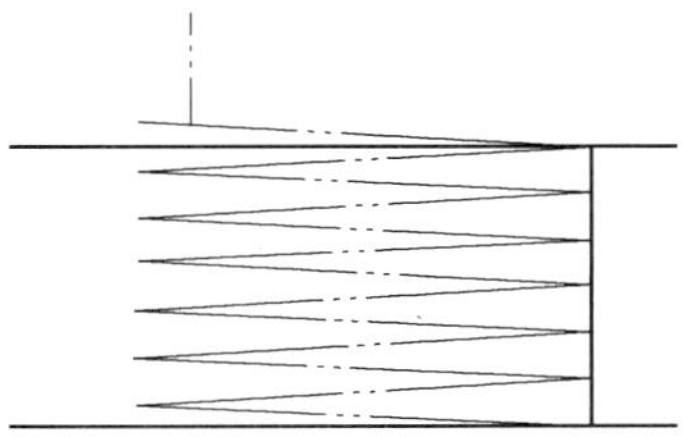
图 4-4　Z 字形斜插式下刀方式

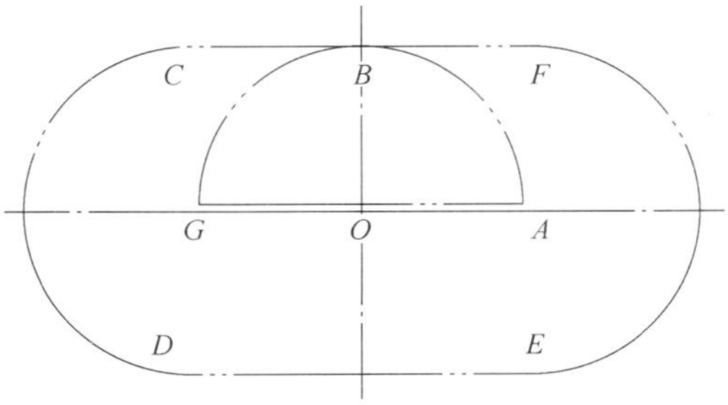

图 4-5　腰形槽的精加工走刀路线

3）加工 2× ϕ 10H7 通孔。根据孔的加工精度，确定孔的加工方法为先钻中心孔，然后钻孔，最后铰孔。

2. 刀具与切削用量的选择

因加工该工件选用刀具较多，相应的切削用量也不同，切削用量的具体数值应根据该机床性能、相关的手册并结合实际经验确定。凸台槽孔板加工的刀具卡片和加工工序卡片分别见表 4-1 和表 4-2。

表 4-1 凸台槽孔板加工的刀具卡片

单 位	数控加工刀具卡片	产品名称			零件图号			
		零件名称			程序编号			
序号	刀具号	刀具名称	刀 具		补偿值		刀补号	
			直径	长度	半径	长度	半径	长度
1	T01	立铣刀	ϕ16mm		8.2mm（粗）/7.99mm（精）		01	
2	T02	中心钻	ϕ3mm				02	
3	T03	麻花钻	ϕ9.8mm				03	
4	T04	铰刀	ϕ10mm				04	

表 4-2 凸台槽孔板加工的工序卡片

单 位	数控加工工序卡片		产品名称		材 料	
			零件名称		零件图号	
工序号	程序编号	夹具名称	夹具编号	设备名称	编制	审核
工步号	工步内容	刀具号	刀具规格	主轴转速/（r/min）	进给速度/（mm/min）	背吃刀量/mm
1	去除轮廓边角料	T01	ϕ16mm 立铣刀	450	100	
2	粗铣外轮廓	T01	ϕ16mm 立铣刀	450	100	
3	精铣外轮廓	T01	ϕ16mm 立铣刀	700	80	
4	粗铣腰形槽	T01	ϕ16mm 立铣刀	450	80	
5	半精铣、精铣腰形槽	T01	ϕ16mm 立铣刀	450	100	
6	钻中心孔	T02	ϕ3mm 中心钻	2000	80	
7	钻 2×ϕ10 底孔	T03	ϕ9.8mm 麻花钻	600	80	
8	铰 2×ϕ10H7 孔	T04	ϕ10mm 铰刀	200	50	

3. 加工工序

1）加工 100mm×80mm 底座，保证高度大于 15mm，如图 4-6 所示。

注意：可将工件反向装夹，保证总高后，将多余部分切掉。

2）加工六边形凸台，保证图样要求的公差，保证工件总高 15mm，如图 4-7 所示。

3）加工凹槽，保证图样要求的公差，如图 4-8 所示。

4）加工两侧 ϕ10mm 孔，先用 ϕ9.8mm 麻花钻，后用 ϕ10mm 的铰刀加工，如图 4-9 所示。

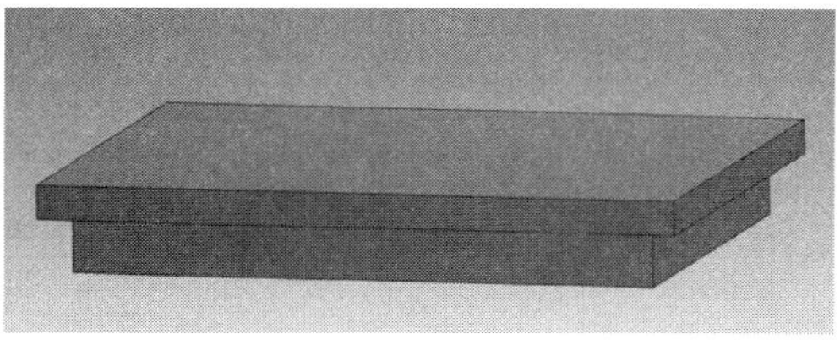

图 4-6 加工底座

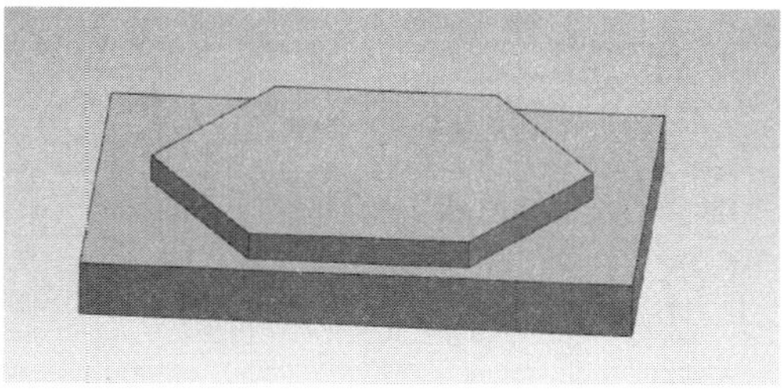

图 4-7 加工六边形凸台

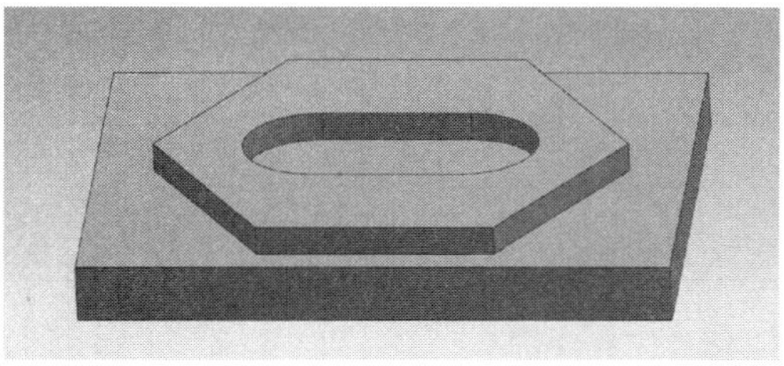

图 4-8 加工凹槽

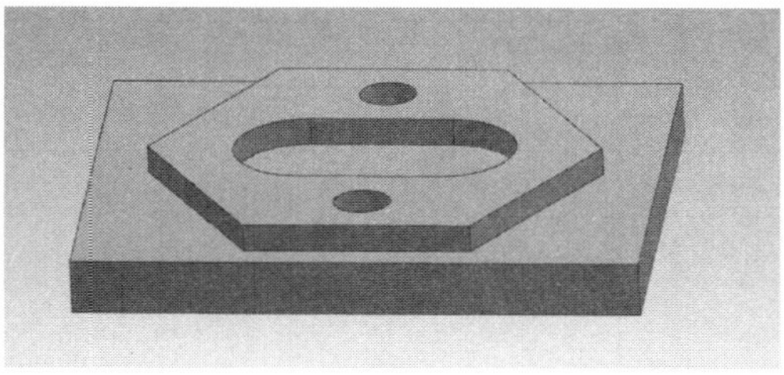

图 4-9 加工孔

（二）程序编制

在工件中心建立工件坐标系，Z 轴原点设在工件上表面。参考程序见表 4-3~表 4-6。

表 4-3 凸台槽孔板外轮廓去边角料参考程序

程 序	说 明
O0604;	程序名
N10 G00 G17 G40 G49 G80 G90;	初始状态设定
N20 T01 M06;	自动换刀（T01）
N30 G00 G90 G54 X58. 126 Y12. 573 S450 M03;	刀具快速定位，起动主轴
N40 G43 H1 Z50. 0;	刀具抬至安全平面，刀具长度补偿 H1
N50 Z10. 0;	下刀至参考高度
N60 G01 Z-5. 0 F100;	下刀至切削深度
N70 X33. 83 Y53. 783;	
N80 X54. 063 Y-4. 163;	
N90 X58. 126 Y-12. 573;	
N100 X33. 83 Y-53. 783;	
N110 X23. 963 Y-46. 891;	
N120 X54. 063 Y4. 163;	
N130 G00 Z50. 0;	
N140 X-58. 126 Y12. 573;	
N150 G01 Z-5. 0 F100;	

（续）

程　　序	说　　明
N160 X-33.83 Y53.783;	
N170 X-23.963 Y46.891;	
N180 X-54.063 Y-4.163;	
N190 X-58.126 Y-12.573;	
N200 X-33.83 Y-53.783;	
N210 X-23.963 Y-46.891;	
N220 X-54.063 Y4.163;	
N230 G00 Z50.0;	抬刀至安全高度
N240 M05;	主轴停止
N250 G91 G28 Z0.0;	抬刀至换刀点
N260 M30;	程序结束

表 4-4　六边形外轮廓的粗、精加工参考程序

程　　序	说　　明
O0605;	程序名
N10 G00 G17 G40 G49 G80 G90;	初始状态设定
N20 T01 M06;	
N30 G00 G90 G54 X41.832 Y36.272 S450 M03;	刀具快速定位，起动主轴
N40 G43 H1 Z50.0;	刀具抬至安全平面，刀具长度补偿 H1
N50 Z10.0;	下刀至参考高度
N60 G01 Z-5.0 F100;	下刀至切削深度
N70 G41 X33.218 Y31.193 D1;	建立刀具半径补偿，粗加工 D1 = 8.2mm，精加工 D1 = 7.99mm
N80 G03 X29.682 Y17.5 R10.0;	切向切入
N90 G01 X40.0 Y0.0;	
N100 X19.365 Y-35.0;	
N110 X-19.365;	
N120 X-40.0 Y0.0;	
N130 X-19.365 Y35.0;	
N140 X19.365;	
N150 X29.682 Y17.5;	
N160 G03 X43.376 Y13.964 R10.0;	切向切出
N170 G01 G40 X51.99 Y19.043;	取消刀具半径补偿
N180 G00 Z50.0;	抬刀至安全高度
N190 M05;	主轴停止
N200 G91 G28 Z0.0;	抬刀至换刀点
N210 M30;	程序结束

表 4-5 腰形槽铣削加工参考程序

粗铣腰形槽加工程序	
程 序	说 明
O0606;	程序名
N10 G00 G17 G40 G49 G80 G90;	
N20 T01 M06;	
N30 G00 G90 G54 X0.0 Y0.0 S450 M03;	
N40 G43 H1 Z50.0;	
N50 Z10.0;	
N60 G01 Z1.0 F80;	
N70 X-12.0 Z0.5;	Z 字形斜插式下刀方式粗铣
N80 X12.0 Z-0.5;	
N90 X-12.0 Z-1.5;	
N100 X12.0 Z-2.5;	
N110 X-12.0 Z-3.5;	
N120 X12.0 Z-4.5;	
N130 X-12.0 Z-5.0;	
N140 Y4.0;	为半精加工单边留有 0.5mm 的加工余量
N150 G03 Y-4.0 R4.0;	
N160 G01 X12.0;	
N170 G03 Y4.0 R4.0;	
N180 G01 X-12.0;	
N190 G00 Z50.0;	
N200 M05;	主轴停止
N210 G91 G28 Z0.0;	抬刀至换刀点
N220 M30;	程序结束
半精铣、精铣腰形槽加工程序	
程 序	说 明
O0607;	程序名
N10 G00 G17 G40 G49 G80 G90;	
N20 T01 M06;	
N30 G00 G90 G54 X0.0Y0.5 S450 M03;	
N40 G43 H1 Z50.0;	
N50 Z10.0;	
N60 G01 Z-5.0 F100;	
N70 G41 D1 X12.0;	建立刀具半径补偿，半精加工 D1 = 8.2mm，精加工 D1 = 7.99mm
N80 G03 X0.0 Y12.5 R12.0;	圆弧切入

（续）

半精铣、精铣腰形槽加工程序	
程　　序	说　　明
N90 G01 X-12.5;	
N100 G03 X-12.5 Y-12.5 R12.5;	
N110 G01 X12.5;	
N120 G03 X12.5 Y12.5 R12.5;	
N130 G01 X0.0;	
N140 G03 X-12.0 Y0.5 R12.0;	圆弧切出
N150 G01 G40 X0.0;	
N160 G00 Z50.0;	
N170 M05;	主轴停止
N180 G91 G28 Z0.0;	抬刀至换刀点
N190 M30;	程序结束

表 4-6　2×ϕ10H7 通孔加工参考程序

程　　序	说　　明
O0607;	程序名
N10 G00 G17 G40 G49 G80 G90;	
N20 T02 M06;	自动换刀 T02（中心钻）
N30 G00 G90 G54 X0.0 Y-23.75 S2000 M03;	
N40 G43 H2 Z20.0;	抬刀至安全高度
N50 G98 G81 X0.0 Y-23.75 Z-5.0 R5.0 F80;	钻第一个中心孔
N60 X0.0 Y23.75;	钻第二个中心孔
N70 G80;	
N80 M05;	
N90 G91 G28 Z0.0;	回换刀点
N100 T03 M06;	自动换刀 T03（钻头）
N110 S600 M03;	
N120 G00 Z20.0;	
N130 G98 G83 X0.0 Y-23.75 Z-20.0 R5.0 Q5.0 F80;	排屑钻孔
N140 X0.0 Y23.75;	
N150 G80;	
N160 M05;	
N170 G91 G28 Z0.0;	回换刀点
N180 T04 M06;	自动换刀 T04（铰刀）
N190 G98 G85 X0.0 Y-23.75 Z-18.0 R5.0 F50;	铰孔
N200 X0.0 Y23.75;	
N210 G80;	
N220 M05;	主轴停止
N230 G91 G28 Z0.0;	抬刀至换刀点
N240 M30;	程序结束

实施方案二　CAXA 自动编程

（一）曲面零件实体造型（步骤略）

曲面零件的实体造型如图 4-10 所示。

（二）曲面零件加工

1）单击菜单【造型】→【曲线生成】→【相关线】，或直接单击“曲线生成”栏中的“相关线”按钮，弹出立即菜单，选择“实体边界”命令。单击拾取相关线（长为 100 宽为 80 的矩形、正六边形、两个直径为 10 的圆以及中间的槽），如图 4-11 所示。

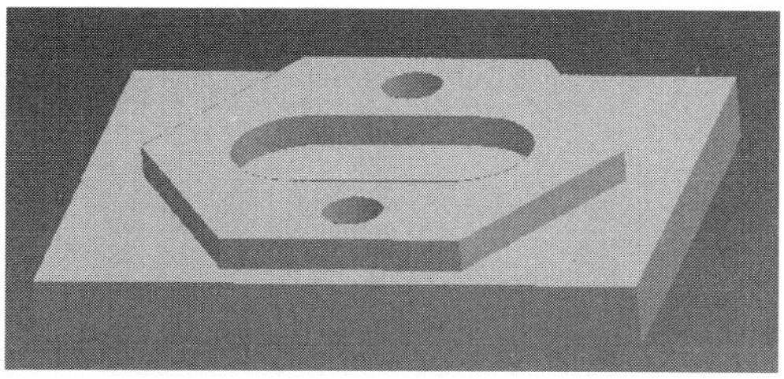

图 4-10　曲面零件的实体造型

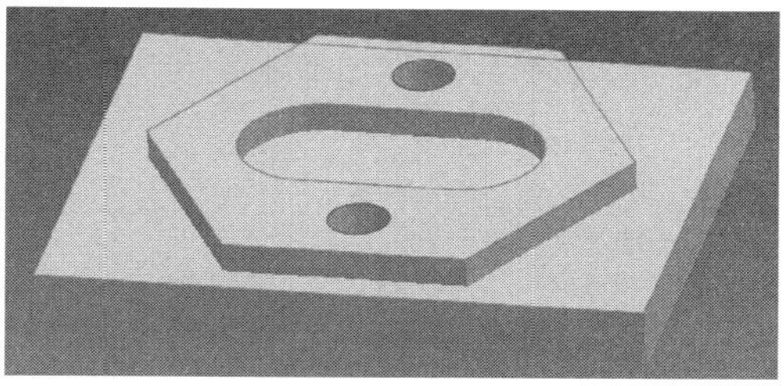

图 4-11　相关线

2）定义毛坯。

①选择特征树中的“加工管理”选项，双击特征树中的“毛坯”，弹出“毛坯定义”对话框，如图 4-12 所示。

②单击“拾取两角点”按钮，基准点的 X 坐标为-50，Y 坐标为-40，Z 坐标为 0；长宽高的长为 100，宽为 80，高为 15。或单击“参照模型”按钮，调整完后单击“确定”按钮，生成毛坯图形，如图 4-13 所示。

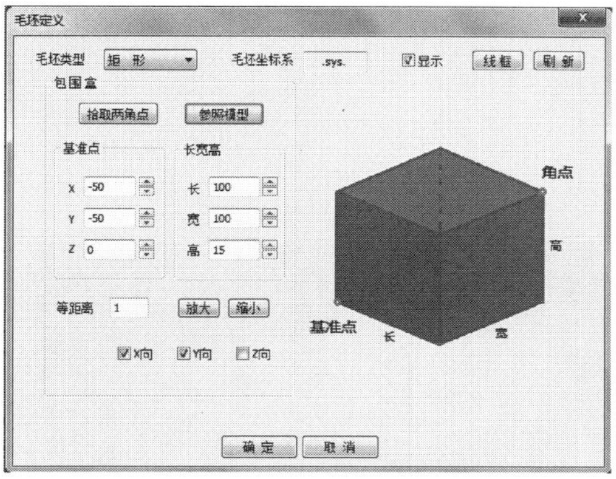

图 4-12　“毛坯定义”对话框

图 4-13　毛坯图形

3）单击菜单【加工】→【粗加工】→【平面区域粗加工】，或直接单击工具栏中的“平面区域粗加工”按钮，在弹出的“平面区域粗加工”对话框中单击“加工参数”等标签，按图 4-14～图 4-17 所示设置各选项卡。

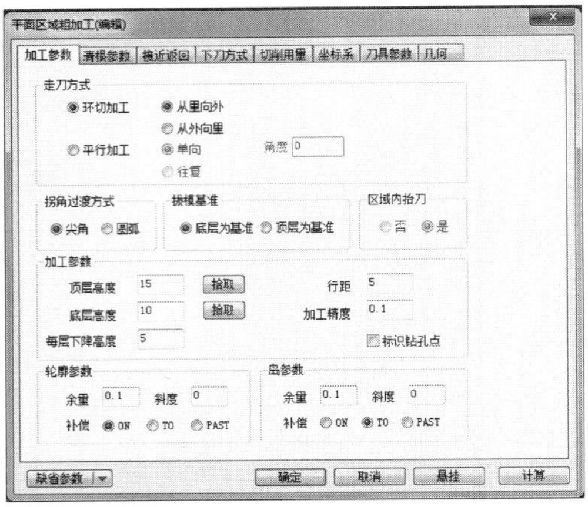

图 4-14　加工参数

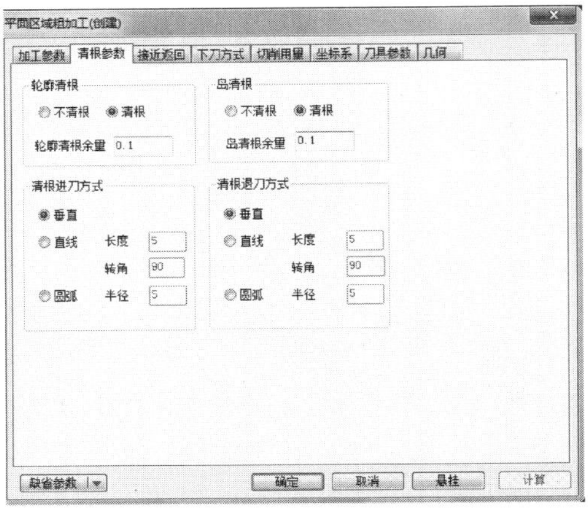

图 4-15　清根参数

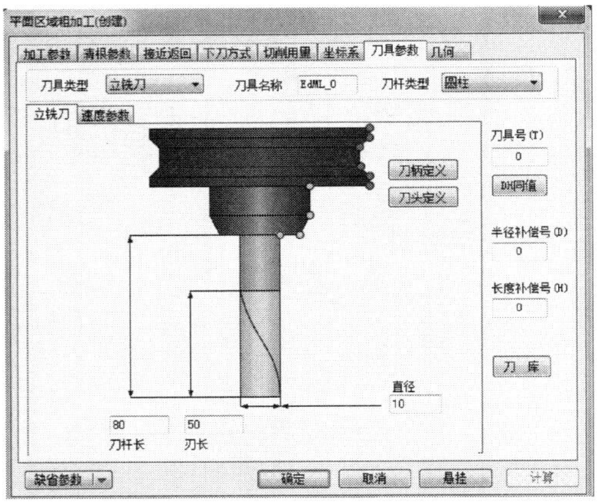

图 4-16　刀具参数

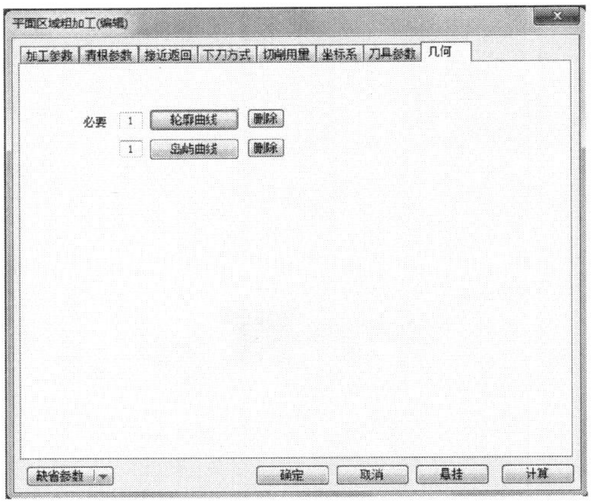

图 4-17　几何

注意：接近返回、下刀方式、切削用量、坐标系等选项卡均不用设置。图 4-17 中“轮廓曲线”为长为 100、宽为 80 的矩形，“岛屿曲线”为正六边形，如图 4-18 所示。完成后单击“确定”按钮，生成加工轨迹，如图 4-19 所示。

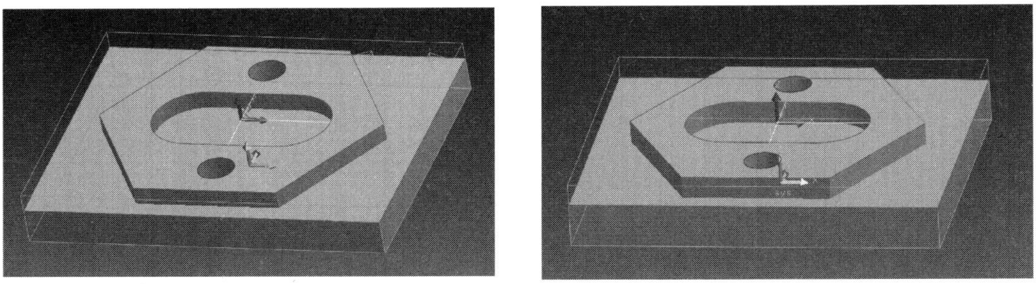

图 4-18　轮廓曲线和岛屿曲线

4）单击菜单【加工】→【精加工】→【平面轮廓精加工】，或直接单击工具栏中的“平面轮廓精加工”按钮，在弹出的“平面轮廓精加工”对话框中单击“加工参数”等标签，按图 4-20～图 4-22 所示设置各选项卡。

图 4-19　加工轨迹

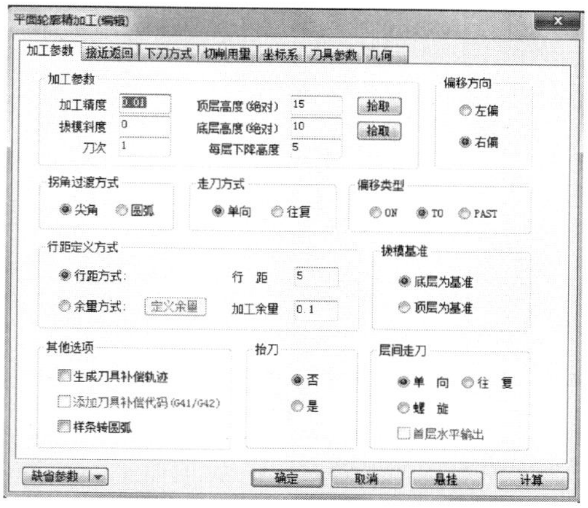

图 4-20　加工参数

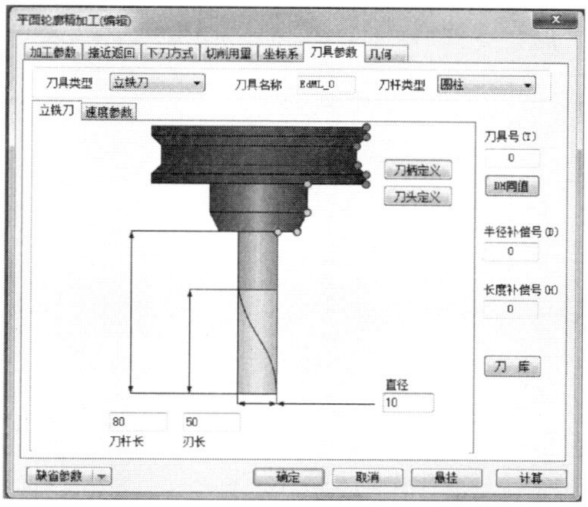

图 4-21　刀具参数

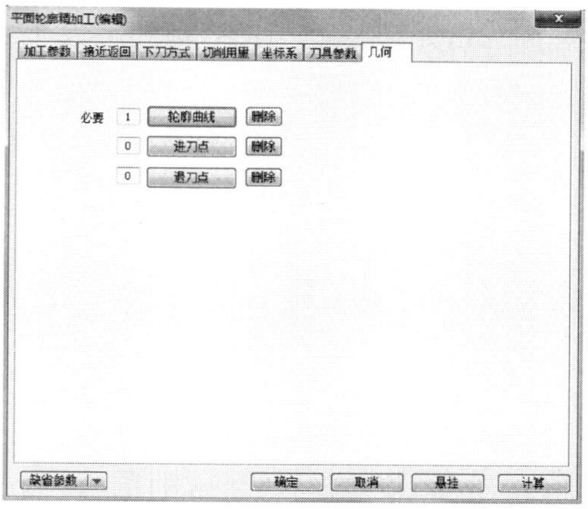

图 4-22　几何

注意：图 4-22 中“轮廓曲线”为长为 100、宽为 80 的矩形，进刀点、退刀点按默认设置，设置完成后单击“确定”按钮，生成加工轨迹，如图 4-23 所示。

5）单击菜单【加工】→【粗加工】→【平面区域粗加工】，或直接单击工具栏中的“平面区域粗加工”按钮，在弹出的“平面区域粗加工”对话框中单击“加工参数”等标签，按图 4-24～图 4-27 所示设置各选项卡。

注意：接近返回、下刀方式、切削用量、坐标系等选项卡均不用设置。图 4-27 中“轮廓曲线”为椭圆，“岛屿曲线”无，如图 4-28 所示。完成后单击“确定”按钮，生成加工轨迹，如图 4-29 所示。

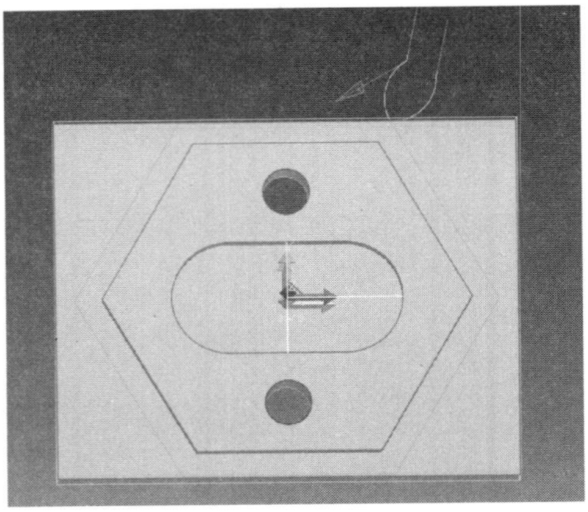

图 4-23　加工轨迹

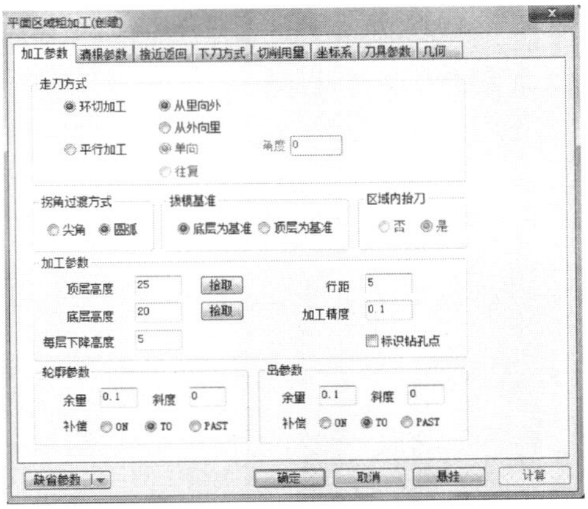

图 4-24　加工参数

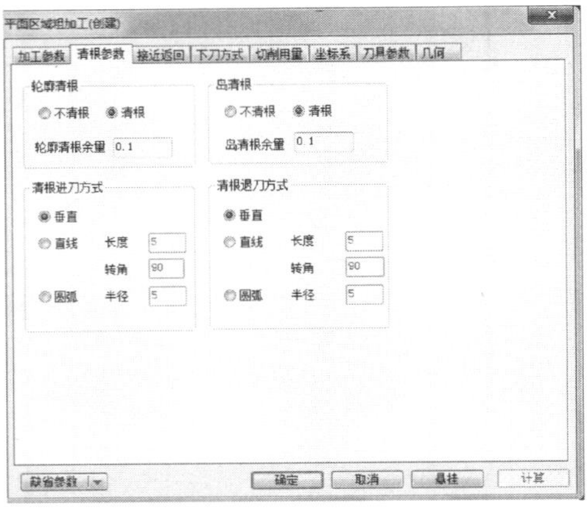

图 4-25　清根参数

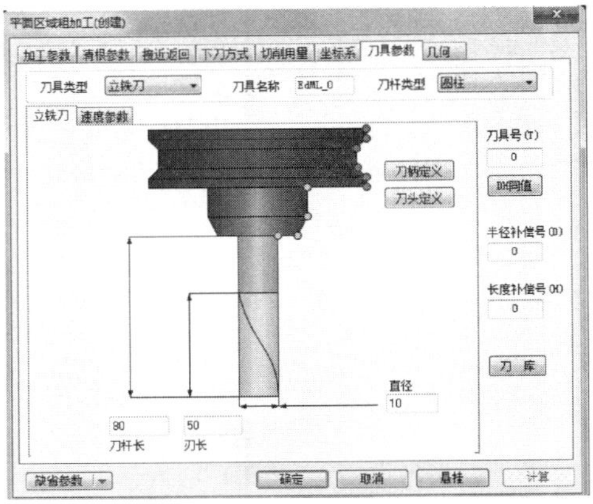

图 4-26　刀具参数

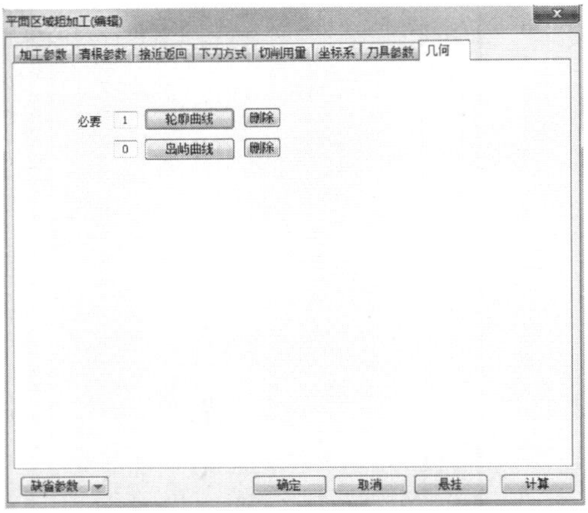

图 4-27　几何

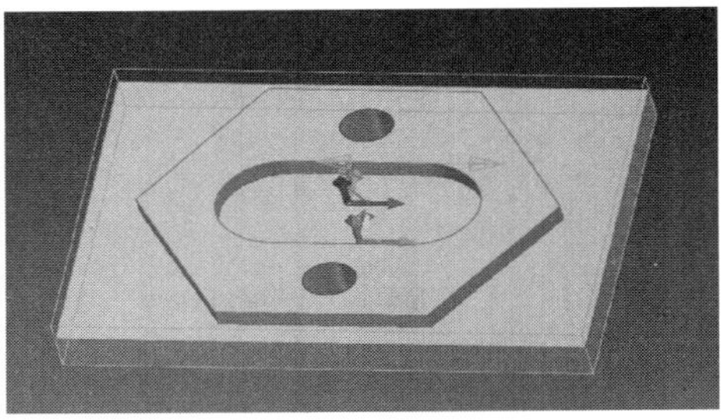

图 4-28　轮廓曲线和岛屿曲线

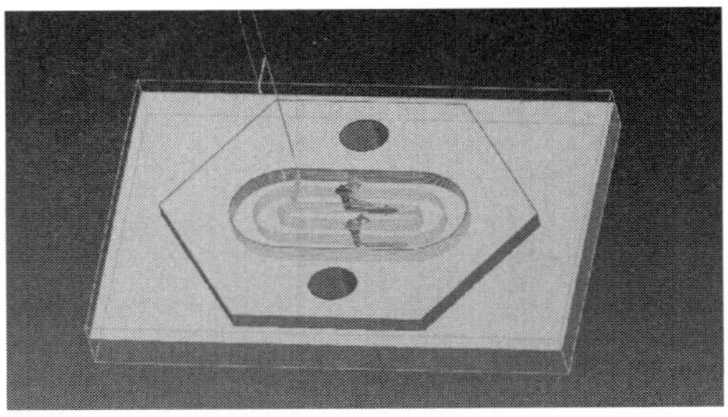

图 4-29　加工轨迹

6）单击菜单【加工】→【精加工】→【平面轮廓精加工】，或直接单击工具栏中的“平面轮廓精加工”按钮，在弹出的“平面轮廓精加工”对话框中单击“加工参数”等标签，按图 4-30～图 4-32 所示设置各选项卡。

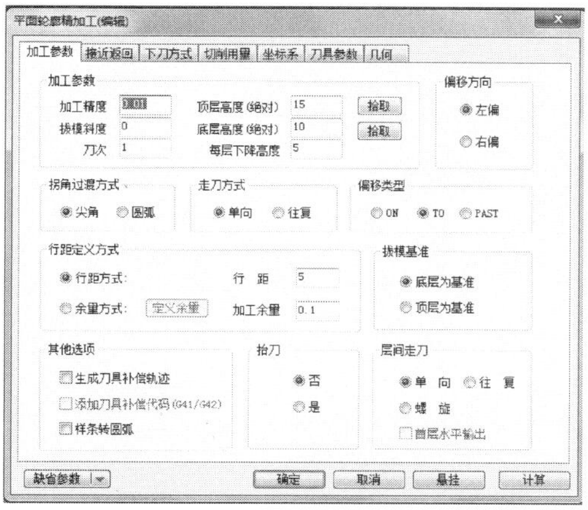

图 4-30　加工参数

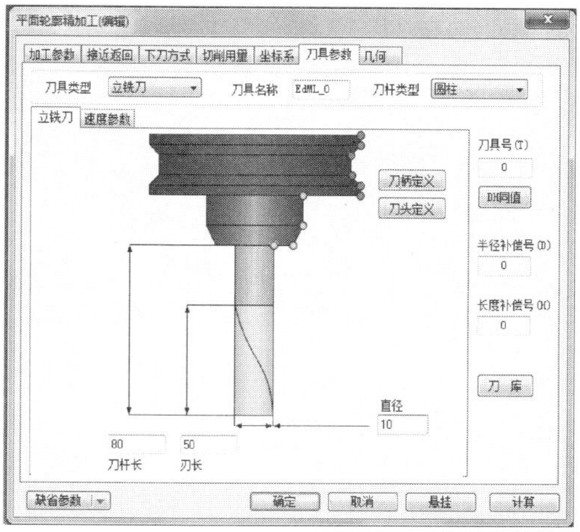

图 4-31　刀具参数

注意：图 4-32 中“轮廓曲线”为椭圆，如图 4-33 所示，进刀点、退刀点按默认设置，设置完成后单击“确定”按钮，生成加工轨迹，如图 4-34 所示。

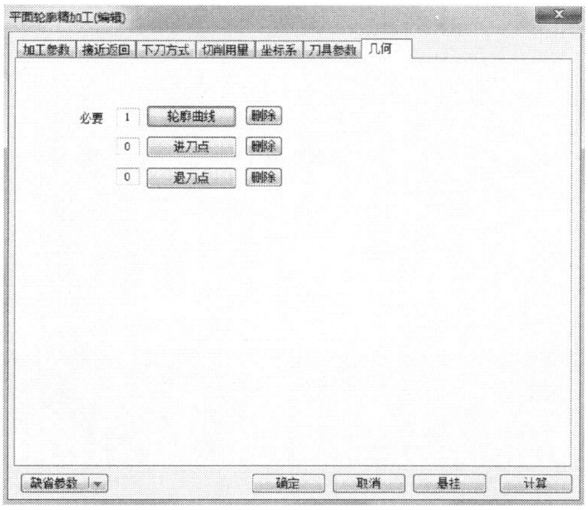

图 4-32　几何

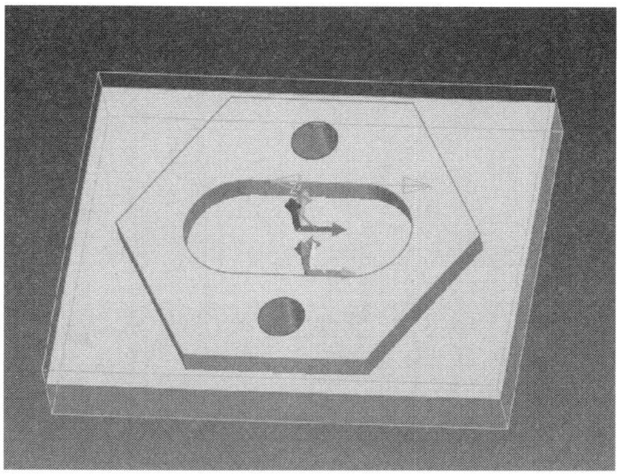

图 4-33　轮廓曲线

7）单击菜单【加工】→【其他加工】→【孔加工】，或直接单击工具栏中的“孔加工”，按钮，在弹出的“钻孔”对话框中单击“加工参数”等标签，按图 4-35～图 4-37 所示设置各选项卡。

注意：用户自定义参数、坐标系选项卡不用设置。在图 4-37 中单击“鼠标点取”按钮，在绘图界面中按“空格键”弹出“工具点”菜单，选取“C 圆心”，拾取两个半径为 5mm 的圆，右击拾取结束，拾取完成后单击“确定”按钮，生成加工轨迹，如图 4-38 所示。

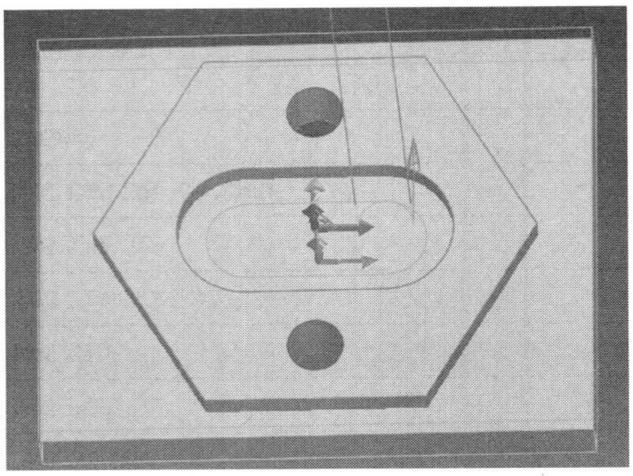

图 4-34　加工轨迹

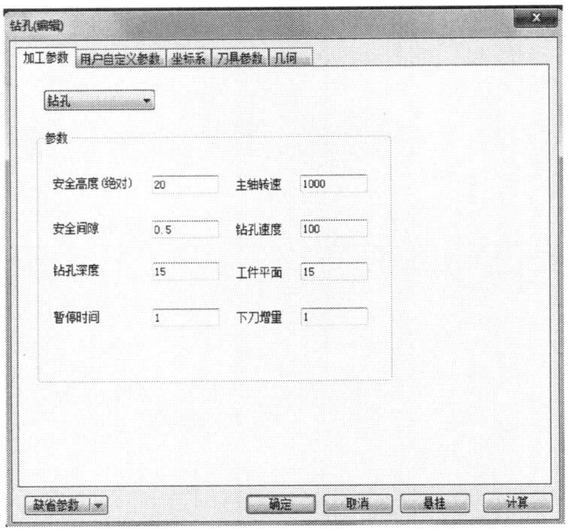

图 4-35　加工参数

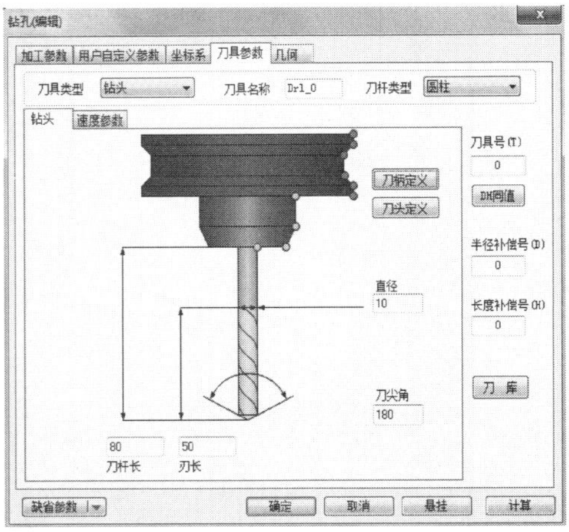

图 4-36　刀具参数

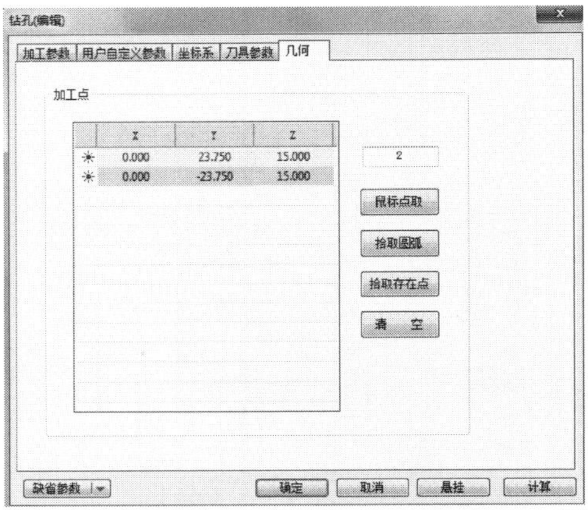

图 4-37　几何

8）生成的总加工轨迹如图 4-39 所示。

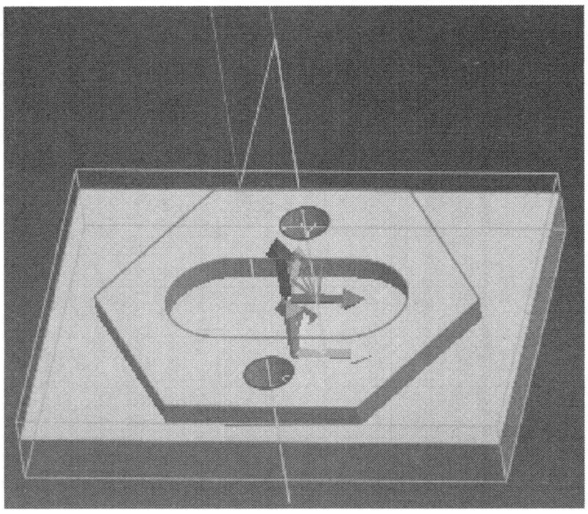

图 4-38　加工轨迹

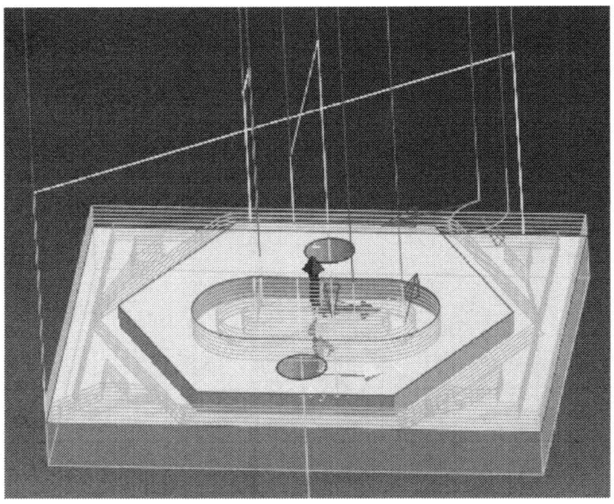

图 4-39　总加工轨迹

9）单击菜单【加工】→【后置处理】→【生成G代码】，弹出“生成后置代码”对话框，如图4-40所示。选择要生成G代码的刀具轨迹，可以连续选择多条刀具轨迹。在“选择数控系统”下拉列表中选择“fanuc”，单击“确定”按钮后在空白处右击，生成加工程序，如图4-41所示。

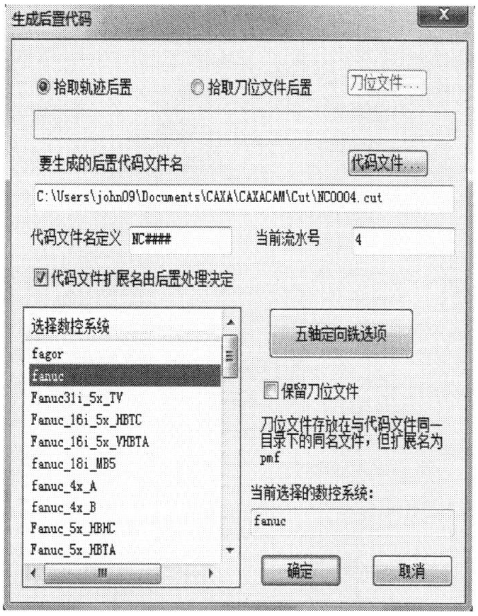

图4-40　“生成后置代码”对话框

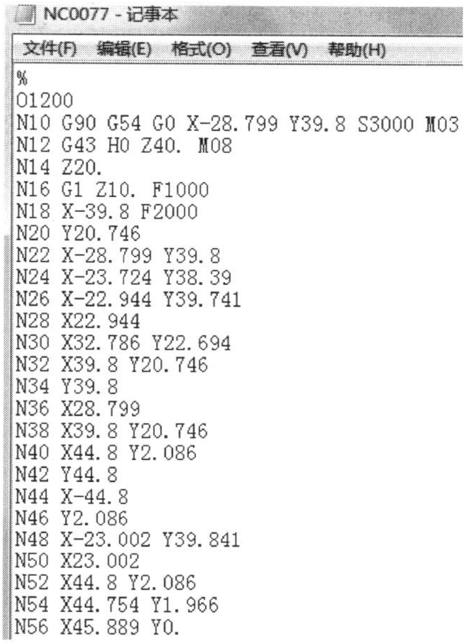

NC0077 - 记事本

文件(F)　编辑(E)　格式(O)　查看(V)　帮助(H)

```
%
O1200
N10 G90 G54 G0 X-28.799 Y39.8 S3000 M03
N12 G43 H0 Z40. M08
N14 Z20.
N16 G1 Z10. F1000
N18 X-39.8 F2000
N20 Y20.746
N22 X-28.799 Y39.8
N24 X-23.724 Y38.39
N26 X-22.944 Y39.741
N28 X22.944
N30 X32.786 Y22.694
N32 X39.8 Y20.746
N34 Y39.8
N36 X28.799
N38 X39.8 Y20.746
N40 X44.8 Y2.086
N42 Y44.8
N44 X-44.8
N46 Y2.086
N48 X-23.002 Y39.841
N50 X23.002
N52 X44.8 Y2.086
N54 X44.754 Y1.966
N56 X45.889 Y0.
```

图4-41　加工程序

【考核评价】

过程考核卡

项目	检查内容	评分标准	得分与点评		
			配分	得分	点评
工艺与程序（30%）	刀具、机床选择	正确	5		
	切削用量选择	规范	5		
	工件安装	合理	7		
	工艺参数	选择正确	6		
	程序指令	选用合理	7		
零件加工（50%）	$50^{+0.039}_{0}$ mm	超差不得分	6		
	$25^{+0.033}_{0}$ mm	超差不得分	6		
	$\phi80^{+0.05}_{0}$ mm	超差不得分	6		
	$5^{+0.05}_{0}$ mm	超差不得分	6		
	$47.5^{+0.05}_{0}$ mm	超差不得分	6		
	$2\times\phi10H7$	超差不得分	7		
	$70^{0}_{-0.046}$ mm	超差不得分	6		
	$Ra1.6\ \mu m$	Ra 值大1级扣1分	7		

（续）

项目	检查内容	评分标准	得分与点评		
			配分	得分	点评
安全文明生产（10%）	操作姿势	不符合要求酌情扣分	5		
	安全操作规程	不符合要求酌情扣分	5		
团队协作（10%）	意外情况处理	不符合要求酌情扣分	5		
	解决问题、完成任务	解决问题（及时、方法正确）、完成任务（顺利、完整）	5		
整改意见		整改措施			

【课后测评】

根据图 4-42 完成下列任务：

1）读图进行工艺设计，完成刀具卡片和加工工艺卡片。

2）编写加工程序。

3）加工零件。

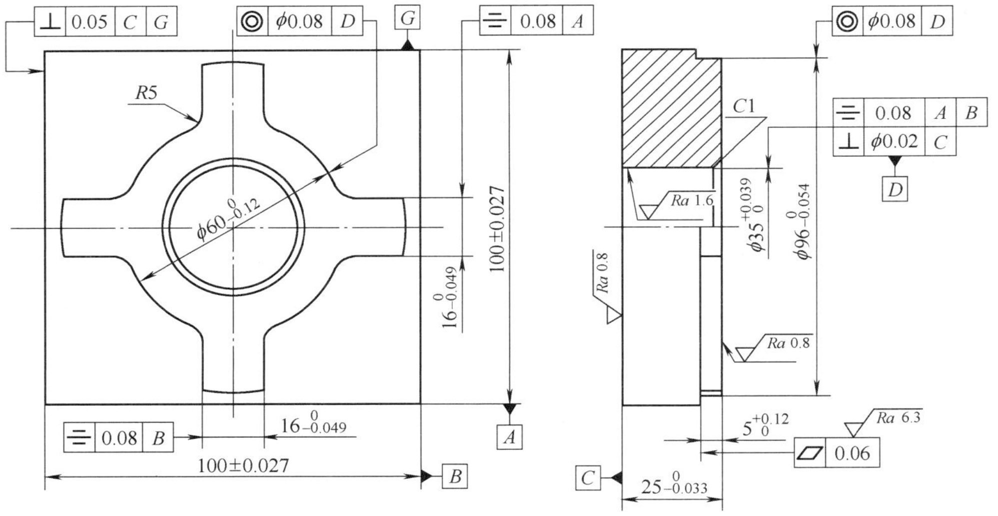

图 4-42　十字型腔

任务二　综合加工练习二

【任务目标】

实训目标

1. 能够在较短时间内分析零件的加工方案。

2. 根据图样合理选择加工刀具。

3. 正确使用机床的功能来实现简便加工。

4. 正确使用子程序进行内腔分层加工。

5. 正确使用钻头进行孔的钻削。

6. 能规范使用内径千分尺测量内轮廓。

7. 槽与内腔加工属于数控铣削加工的典型结构，也是进一步铣削其他各种复杂表面的基础。

8. 通过使用机用虎钳装夹进行外轮廓的加工，能保证加工精度，为零件的其他结构加工打下基础。

9. 能利用现有的设备加工出满足图样要求的零件，培养学生养成良好的职业习惯。

实训要求

1. 合理选择加工工艺。

2. 合理建立工件坐标系原点。

3. 能对加工过程中工件的装夹进行分析。

4. 能正确使用百分表测量切削深度和找正工件。

5. 掌握分层铣削调用子程序的应用。

6. 能够独立编写加工程序。

7. 掌握工量具的正常使用及保养维护方法。

【任务描述】

序号	具体任务内容	任务要求
1	查阅数控铣床说明书，熟悉操作面板	填写“过程考核卡”的相关信息
2	能够运用数控加工程序进行槽、键槽的加工，且沟槽的尺寸公差、几何公差、表面粗糙符合要求	
3	填写工艺文件，编写加工程序并加工	

图 4-43 所示为槽孔板加工任务图。

【任务实施】

实施方案一　手工编程

任务分析

在制订机械加工工艺规程时，选择毛坯对零件的加工质量、材料消耗和加工工时都有很大的影响。显然毛坯的尺寸和形状越接近成品零件，机械加工的劳动量就越少，但是毛坯的制造成本就越高，所以应根据生产纲领，综合考虑毛坯制造和机械加工的费用来确定毛坯，以求得最好的经济效益。

实施步骤

1. 工艺安排

（1）加工原点设定　按图 4-44 所示设定加工原点。

（2）加工工序　加工工序可分为以下 5 步：

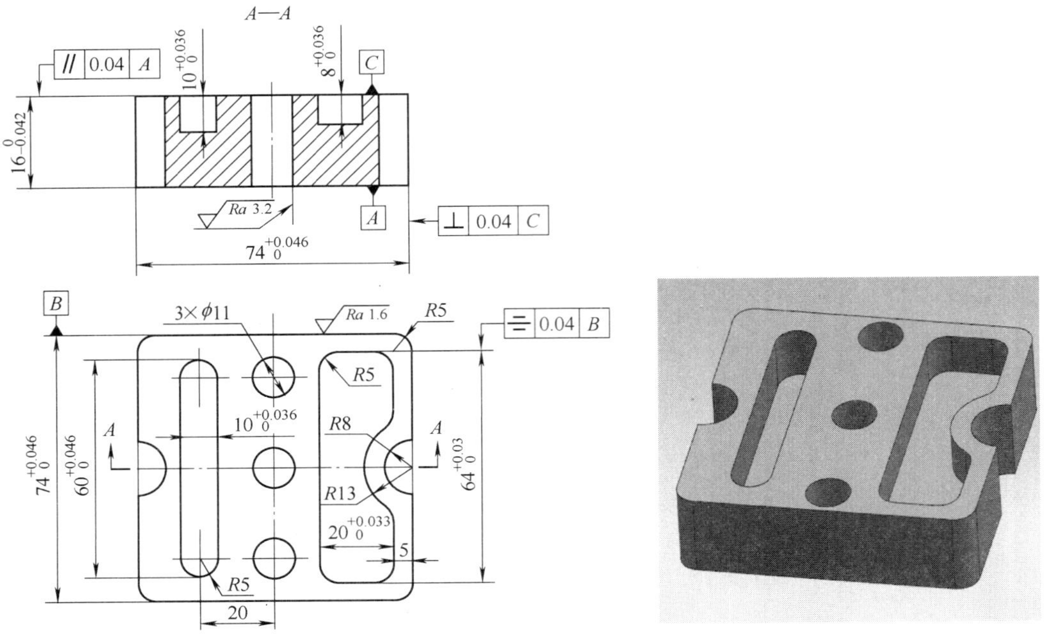

图 4-43　槽孔板加工任务图

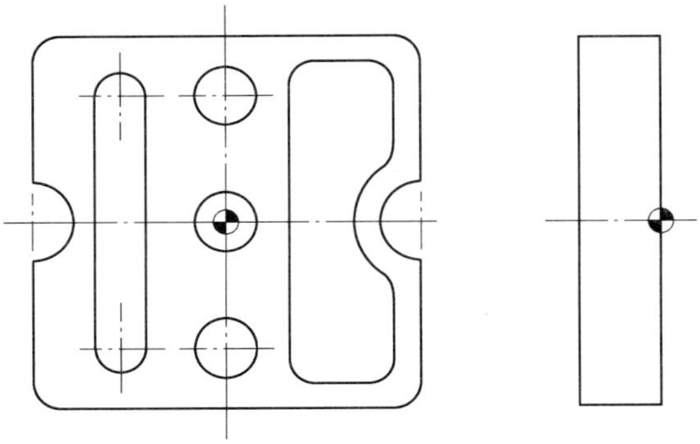

图 4-44　加工原点

工序 1：首先加工 74mm×74mm 外轮廓（在加工外轮廓时，铣削至表面见光即可），如图 4-45 所示。

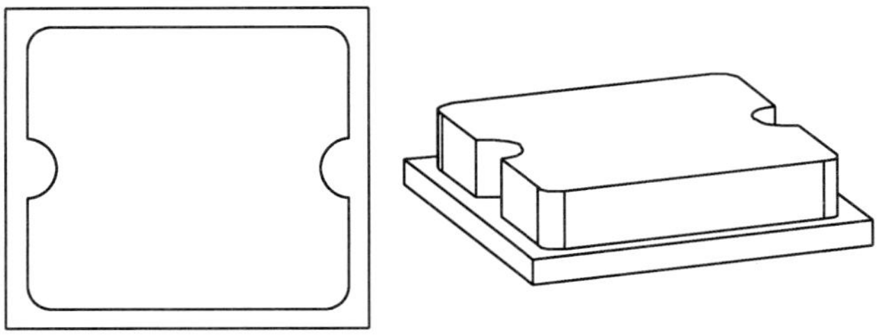

图 4-45　加工外轮廓

工序 2：加工 60mm×10mm×10mm 长槽（注：在加工长槽时因深度较深，故应选好加工参数和切削深度），如图 4-46 所示。

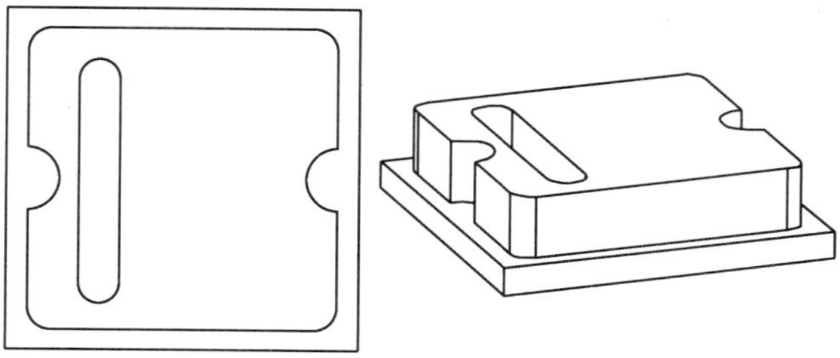

图 4-46 加工长槽

工序 3：加工 64mm×20mm×8mm 型腔（注：用 ϕ8mm 键槽铣刀铣削时要注意余量的去除），如图 4-47 所示。

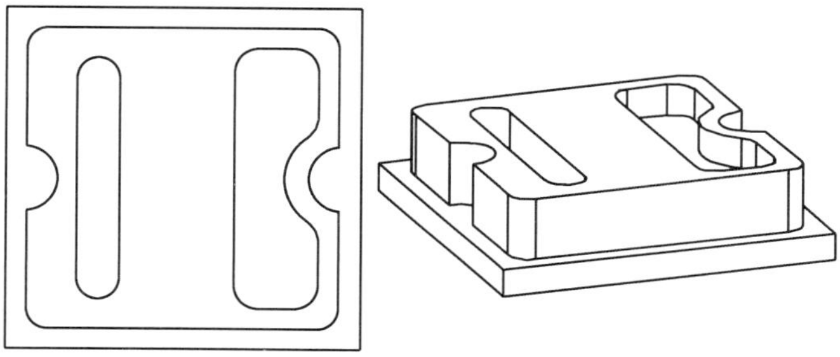

图 4-47 加工 64mm×20mm×8mm 型腔

工序 4：加工 3×ϕ11mm 孔（注：加工通孔时要采用垫铁），如图 4-48 所示。

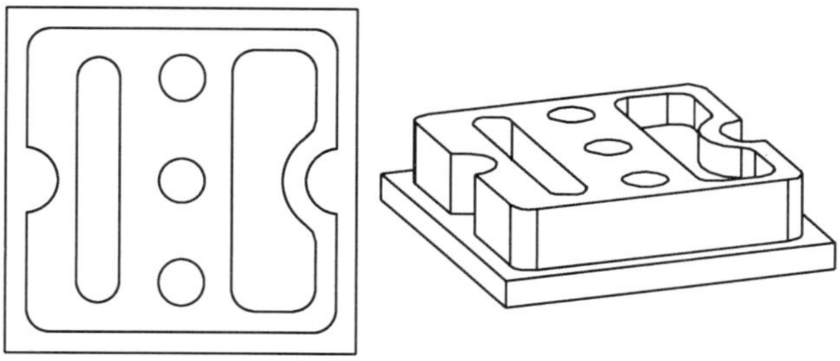

图 4-48 加工 3×ϕ11mm 孔

工序 5：加工总厚度（注：用 ϕ50mm 面铣刀加工，注意平行度的保证，在装夹时注意要校平），如图 4-49 所示。

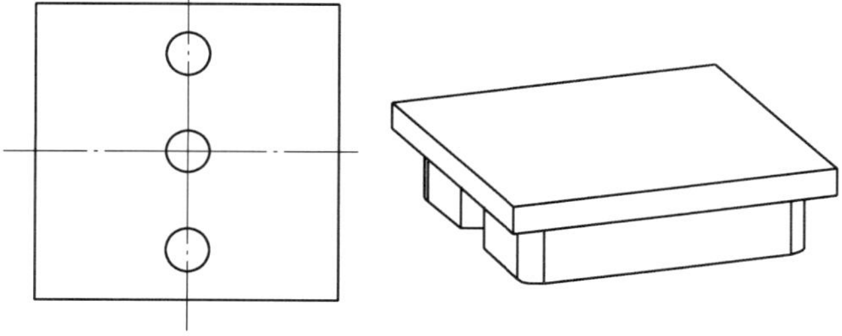

图 4-49 加工总厚度

2. 参考程序

74mm×74mm 外轮廓采用 ϕ16mm 键槽铣刀加工，其加工程序见表 4-7。

表 4-7　外轮廓的加工程序

程　　序	说　　明
O0001;	程序名
N10 G90 G54 G0 Z100;	确认加工方式并 *Z* 向提刀
N20 X55 Y0;	*X*、*Y* 方向定位到下刀点
N30 S500 M3 F200;	主轴正转转速 500r/min，切削进给速度为 200mm/min
N40 Z10;	快速移到距工件表面 10mm 处
N50 M8;	开启切削液
N60 G1 Z0;	快速移动到工件表面
N70 M98 P21 L8;	调用子程序 O21，共 8 次，加工外轮廓
N80 G90 G0 Z100;	提刀，并确保进入绝对编程方式
N90 M5;	主轴停转
N100 M9;	关闭切削液
N110 M30;	程序停止并返回程序开头

外轮廓的加工子程序见表 4-8。

表 4-8　外轮廓的加工子程序

程　　序	说　　明
O21;	程序名
N10 G91 G1 Z-2 F50;	*Z* 向相对当前刀位点下方 2mm
N20 G90 G42 D1 G01 Y-10 F200;	用绝对方式 *Y* 方向执行右刀偏至 Y-10
N30 X37;	
N40 G2 Y10 R10;	顺时针圆弧插补到 X10
N50 G1 Y32;	直线插补到 Y32
N60 G3 X32 Y37 R5;	逆时针圆弧插补到 X32 Y37
N70 G1 X-32;	直线插补到 X-32
N80 G3 X-37 Y32 R5;	逆时针圆弧插补到 X-37 Y32
N90 G1 Y-32;	直线插补到 Y-32
N100 G03 X-32 Y-37 R5;	逆时针圆弧插补到 X-32 Y-37
N110 G1 X32;	直线插补到 X32
N120 G3 X37 Y-32 R5;	逆时针圆弧插补到 X37 Y-32
N130 G1 Y0;	为防止入刀处有刀痕，结尾处多走一段
N140 G40 G1 X55;	取消刀补至 X55
N150 M99;	子程序结束

60mm×10mm×10mm 长槽采用 ϕ8mm 键槽铣刀加工，其加工程序见表 4-9。

表 4-9　长槽的加工程序

程　　序	说　　明
O0002;	程序名
N10 G90 G54 G00 Z100;	提刀
N20 X-20 Y25;	定位
N30 S1000 M03 F200;	主轴正转，转速 1000r/min，切削进给速度为 200mm/min
N40 Z10;	快速移到距工件表面 10mm 处
N50 M8;	开启切削液
N60 G1 Z0;	快速移动到工件表面
N70 M98 P11 L10;	调用子程序 O11，共 10 次，加工长槽
N80 G90 G0 Z100;	提刀，并确保进入绝对编程方式
N90 M5;	主轴停转
N100 M9;	关闭切削液
N110 M30;	程序停止并返回程序开头

长槽的加工子程序见表 4-10。

表 4-10　长槽的加工子程序

程　　序	说　　明
O11;	程序名
N10 G91 G1 Z-1;	*Z* 向相对当前刀位点下方 1mm
N20 G90 G42 D1 G1 X-25Y0;	用绝对方式 *X* 方向执行右刀偏至 X-25
N30 X-25 Y25;	
N40 G2 X-15 R5;	顺时针圆弧插补到 X-15
N50 G1 Y-25;	直线插补到 Y-25
N60 G2 X-25 R5;	顺时针圆弧插补到 X-25
N70 G1 Y25;	直线插补到 Y25
N80 G2 X-15 R5;	顺时针圆弧插补到 X-15
N90 G40 G1 X-20;	取消刀补至 X-20
N100 M99;	子程序结束

64mm×20mm×8mm 型腔采用 ϕ8mm 键槽铣刀加工，其加工程序见表 4-11。

表 4-11　型腔的加工程序

程　　序	说　　明
O0003;	程序名
N10 G90 G54 G0 Z100;	确认加工方式并 *Z* 向提刀
N20 X18 Y-25;	*X*、*Y* 方向定位到下刀点
N30 S1000 M3 F200;	主轴正转，转速 1000r/min，切削进给速度为 200mm/min

（续）

程　　序	说　　明
N40 Z10；	快速移到距工件表面 10mm 处
N50 M8；	开启切削液
N60 G1 Z0；	快速移动到工件表面
N70 M98 P31 L4；	调用子程序 O31，共 4 次，加工型腔
N80 G90 G0 Z100；	提刀，并确保进入绝对编程方式
N90 M5；	主轴停转
N100 M9；	关闭切削液
N110 M30；	程序停止并返回程序开头

型腔加工子程序见表 4-12。

表 4-12　型腔加工子程序

程　　序	说　　明
O31；	程序名
N10 G91 G1 Z-2 F50；	*Z* 向相对当前刀位点下方 2mm
N20 G90 G41 D1 G1 X24 F200；	用绝对方式 *X* 方向执行左刀偏至 X24
N30 Y0；	*Y* 方向直线切入
N40 G2 X29. 778 Y10. 809 R13；	顺时针圆弧插补到 X29. 778 Y10. 809
N50 G3 X32 Y14. 967 R5；	逆时针圆弧插补到 X32 Y14. 967
N60 G1 X32 Y27；	直线插补到 Y27 位置
N70 G3 X27 Y32 R5；	逆时针圆弧插补到 X27 Y32
N80 G1 X17；	直线插补到 X17 位置
N90 G3 X12 Y27 R5；	逆时针圆弧插补到 X12 Y27
N100 G1 Y-27；	直线插补到 Y-27
N110 G3 X17 Y-32 R5；	逆时针圆弧插补到 X17 Y-32
N120 G1 X27；	直线插补到 X27
N130 G3 X32 Y-27 R5；	逆时针圆弧插补到 X32 Y-27
N140 G1 Y-14. 967；	直线插补到 Y-14. 967
N150 G3 X29. 778 Y-10. 809 R5；	逆时针圆弧插补到×29. 778 Y-10. 809
N160 G2 X24 Y0 R13；	顺时针圆弧插补到×24 Y0
N170 G1 Y25；	为防止入刀处有刀痕，结尾处多走一段
N180 G40 G1 X18；	取消刀补至×18
N190 Y-25；	回到起刀点
N200 M99；	子程序结束

3× ϕ 11mm 孔采用 ϕ11mm 的麻花钻加工，其加工程序见表 4-13。

表 4-13　3×ϕ11mm 孔的加工程序

程　　序	说　　明
O0004;	程序号
N10 G54 G90 G00 X0 Y25 Z100.0;	设定工件坐标系，快速定位到起点
N20 S1000 M03;	主轴起动
N30 Z5.0;	下刀至安全高度
N40 G81 X0 Y25.0 Z-20.0 R5.0 F80;	钻 3×ϕ 11mm 孔
N50 Y0;	
N60 Y-25.0;	
N70 G80;	取消钻孔固定循环
N80 G00 Z100;	抬刀
N90 M05;	主轴停转
N100 M30;	程序结束

总厚度采用 ϕ50mm 面铣刀加工，其加工程序见表 4-14。

表 4-14　总厚度的加工程序

程　　序	说　　明
O0005;	程序号
N10 G54 G90 G00 X-70.0 Y20.0 Z100.0;	设定工件坐标系，快速定位到起点
N20 S500 M03;	主轴起动
N30 Z5.0;	下刀至安全高度
N40 G01 Z-4.0 F150;	铣上表面
N50 X70.0;	
N60 Y-20.0;	
N70 X-70.0;	
N80 Z5.0;	
N90 G00 Z100;	抬刀
N100 M05;	主轴停转
N110 M30;	程序结束

实施方案二　CAXA 自动编程

（一）槽孔板零件实体造型（步骤略）

槽孔板零件的实体造型如图 4-50 所示。

（二）槽孔板零件加工

1）单击菜单【造型】→【曲线生成】→【相关线】，或直接单击“曲线生成”栏中的“相关线”按钮，弹出立即菜单，选择“实体边界”命令。单击拾取相关线，如图 4-51 所示。

图 4-50　槽孔板零件的实体造型

图 4-51　相关线

2）定义毛坯 。

①选择特征树中的“加工管理”选项，双击特征树中的“毛坯”，弹出“毛坯定义”对话框，如图 4-52 所示。

②单击“拾取两角点”按钮，基准点的 X 坐标为-37，Y 坐标为-37，Z 坐标为 0，长宽高的长为 74，宽为 74，高为 16。或单击“参照模型”按钮，调整完后单击“确定”按钮，生成毛坯图形，如图 4-53 所示。

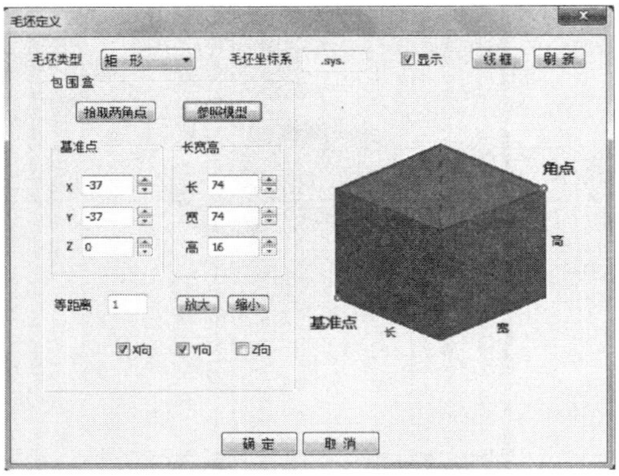

图 4-52　“毛坯定义”对话框

图 4-53　毛坯图形

3）单击菜单【加工】→【精加工】→【平面轮廓精加工】，或直接单击工具栏中的“平面轮廓精加工”按钮，在弹出的“平面轮廓精加工”对话框中单击“加工参数”等标签，按图 4-54~图 4-56 所示设置各选项卡。

注意：接近返回、下刀方式、切削用量、坐标系等选项卡不用设置。图 4-56 中“轮廓曲线”拾取长宽均为 74 的矩形（图 4-57），进刀点、退刀点均为默认设置，设置完成后单击“确定”按钮，生成加工轨迹，如图 4-58 所示。

4）单击菜单【加工】→【精加工】→【平面轮廓精加工】，或直接单击工具栏中的“平面轮廓精加工”按钮，在弹出的“平面轮廓精加工”对话框中单击“加工参数”等标签，按图 4-59~图 4-61 所示设置各选项卡。

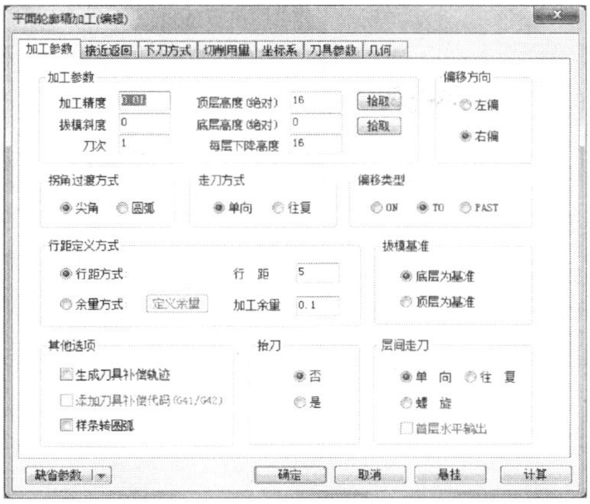

图 4-54　加工参数

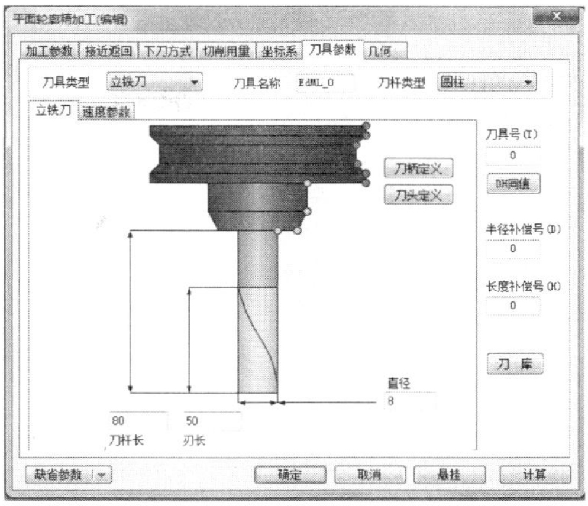

图 4-55　刀具参数

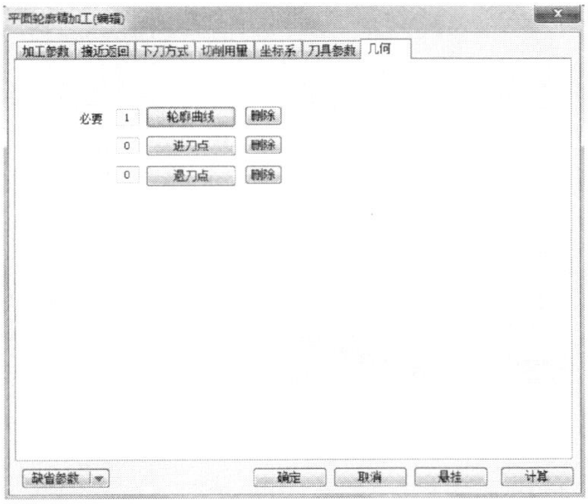

图 4-56　几何

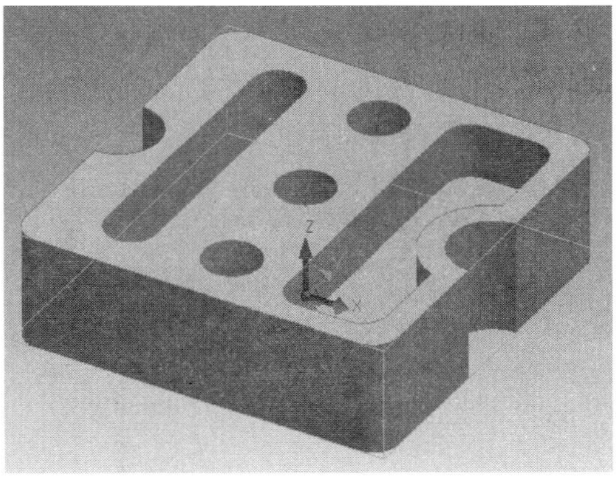

图 4-57　选择轮廓曲线

图 4-58　加工轨迹

图 4-59　加工参数

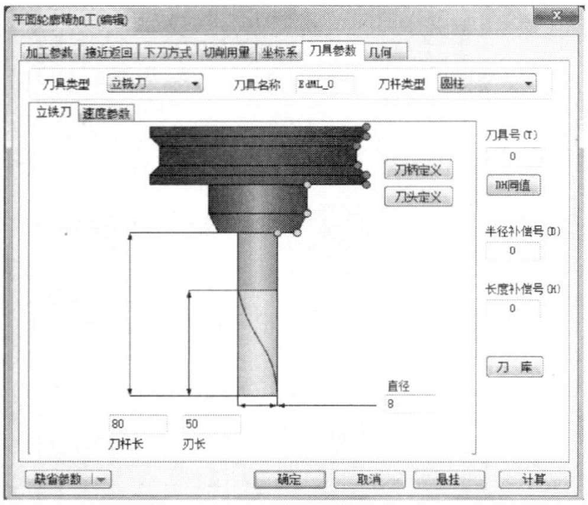

图 4-60　刀具参数

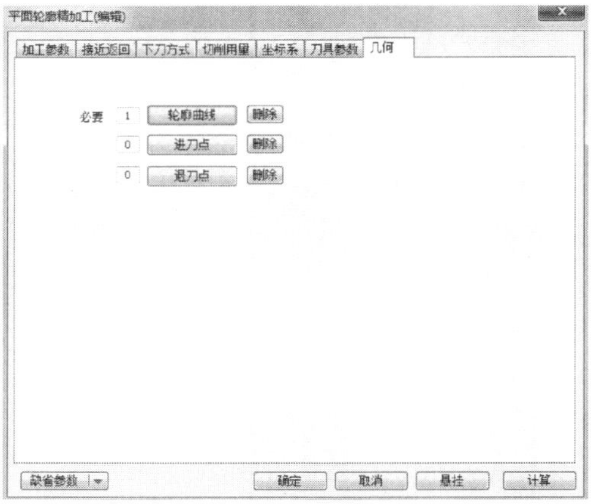

图 4-61　几何

注意：接近返回、下刀方式、切削用量、坐标系等选项卡不用设置。图 4-61 中“轮廓曲线”拾取图 4-62 所示的图形，进刀点、退刀点均为默认设置，设置完成后单击“确定”按钮，生成加工轨迹，如图 4-63 所示。

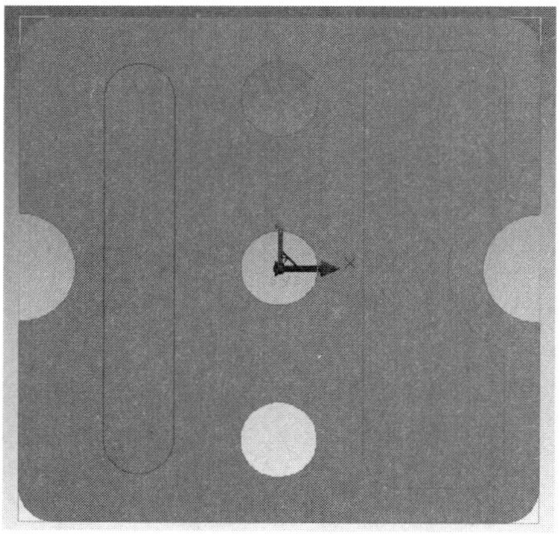

图 4-62　选择轮廓曲线

图 4-63　加工轨迹

5）单击菜单【加工】→【粗加工】→【平面区域粗加工】，或直接单击工具栏中的“平面区域粗加工”按钮 回，在弹出的“平面区域粗加工”对话框中单击“加工参数”等标签，按图 4-64～图 4-67 所示设置各选项卡。

注意：接近返回、下刀方式、切削用量、坐标系等选项卡均不用设置。图 4-67 中“轮廓曲线”拾取图 4-68 所示的图形，“岛屿曲线”无。完成后单击“确定”按钮，生成加工轨迹，如图 4-69 所示。

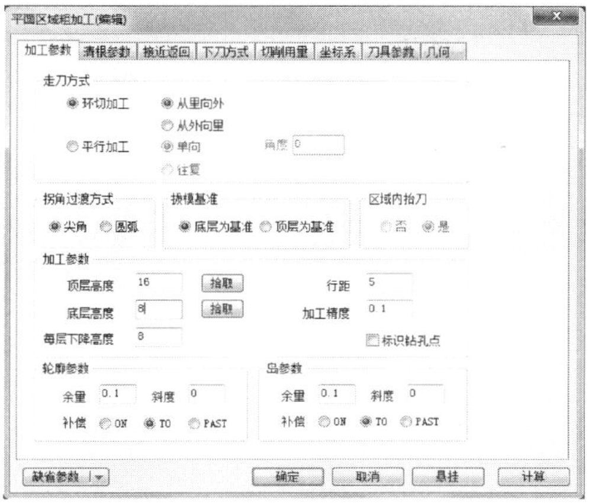

图 4-64　加工参数

图 4-65　清根参数

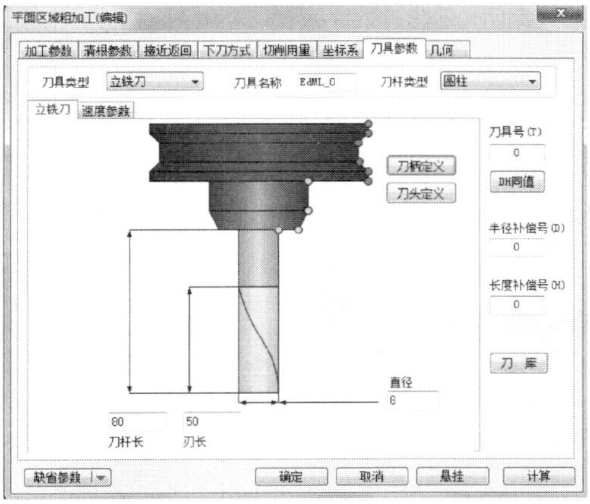

图 4-66　刀具参数

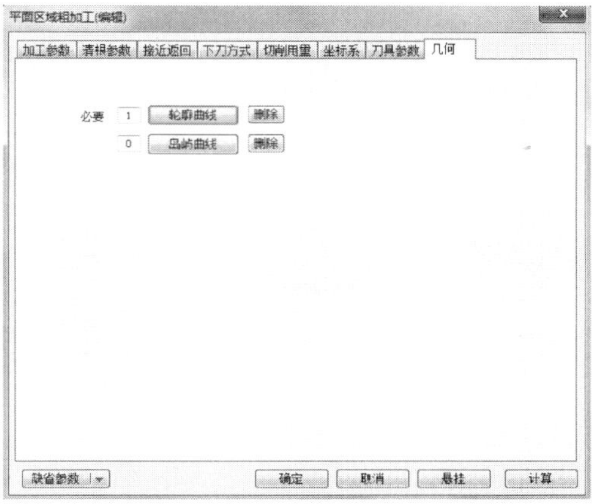

图 4-67　几何

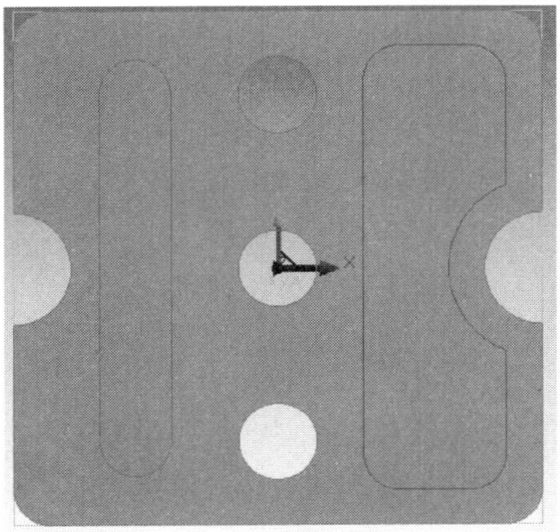

图 4-68　选择轮廓曲线

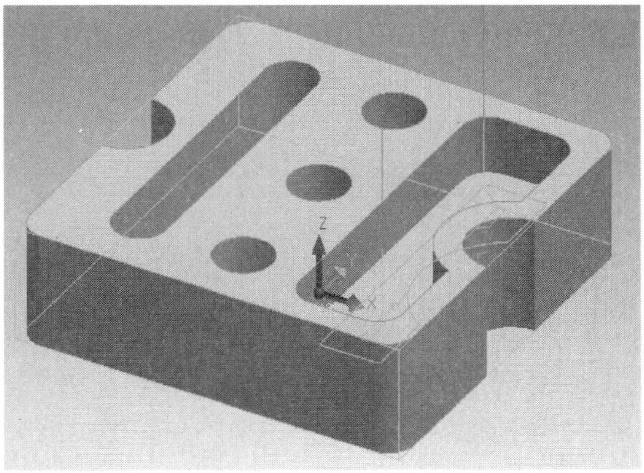

图 4-69　加工轨迹

6）单击菜单【加工】→【精加工】→【平面轮廓精加工】，或直接单击工具栏中的“平面轮廓精加工”按钮，在弹出的“平面轮廓精加工”对话框中单击“加工参数”等标签，按图4-70~图4-72所示设置各选项卡。

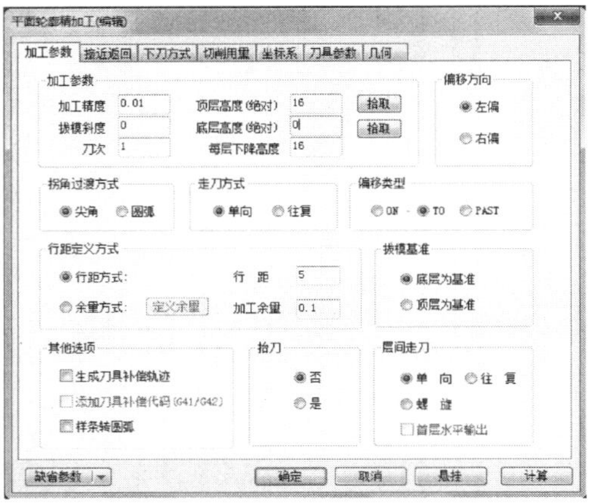

图4-70 加工参数

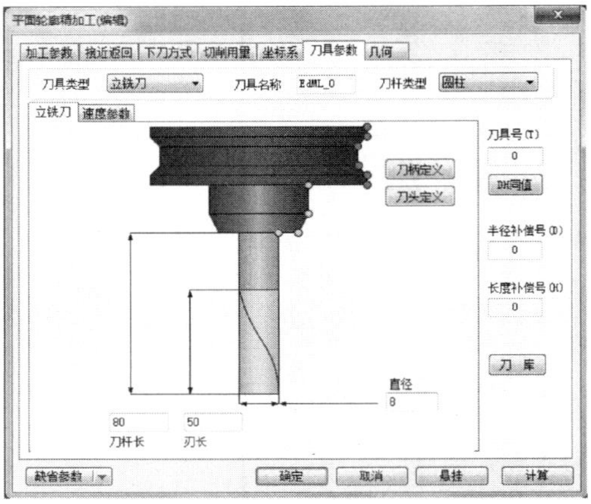

图4-71 刀具参数

注意：接近返回、下刀方式、切削用量、坐标系等选项卡均不用设置。图4-72中“轮廓曲线”选取为三个半径为5.5mm的圆（图4-73），“岛屿曲线”无。完成后单击“确定”按钮，生成加工轨迹，如图4-74所示。

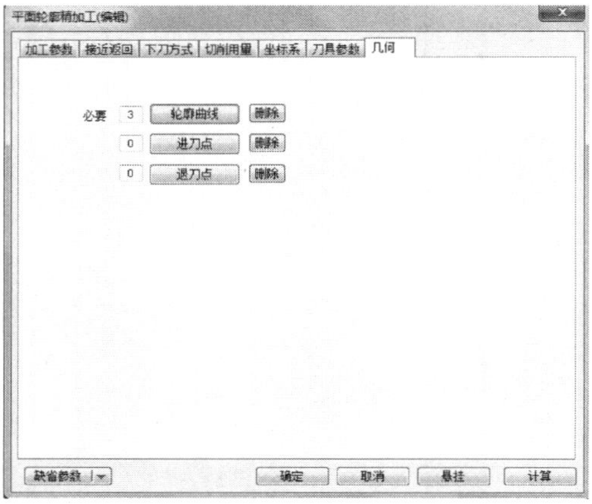

图4-72 几何

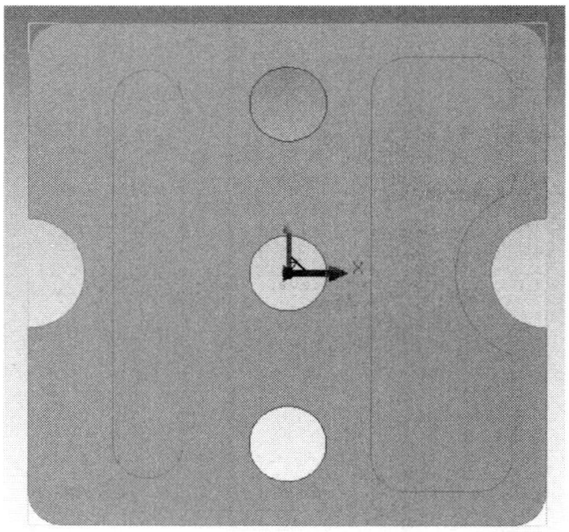

图4-73 选择轮廓曲线

7）全部加工轨迹如图4-75所示。

8）单击菜单【加工】→【后置处理】→【生成G代码】，弹出“生成后置代码”对话框，如图4-76所示。选择要生成G代码的刀具轨迹，可以连续选择多条刀具轨迹。在“选择数控系统”下拉列表中选择“fanuc”（图4-76），单击“确定”按钮后在空白处右击，生成加工程序，如图4-77所示。

图 4-74　加工轨迹

图 4-75　全部加工轨迹

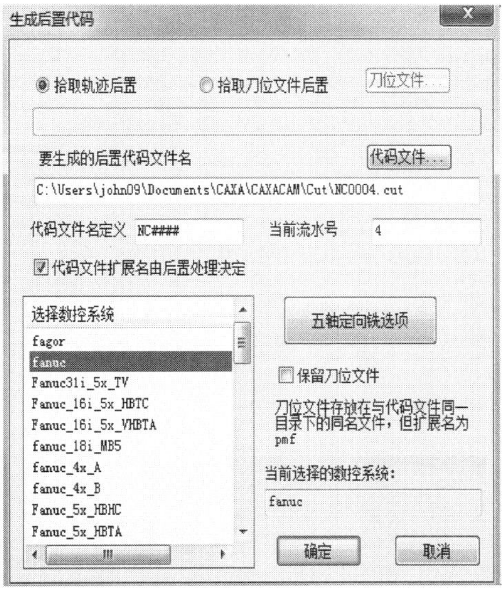

图 4-76　“生成后置代码”对话框

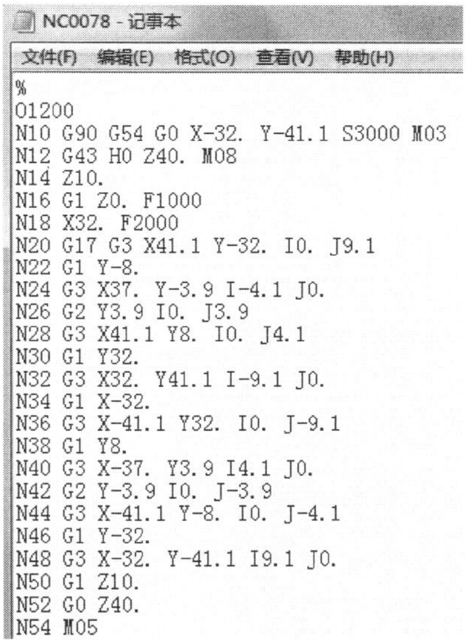

NC0078 - 记事本
文件(F)　编辑(E)　格式(O)　查看(V)　帮助(H)

```
%
O1200
N10 G90 G54 G0 X-32. Y-41.1 S3000 M03
N12 G43 H0 Z40. M08
N14 Z10.
N16 G1 Z0. F1000
N18 X32. F2000
N20 G17 G3 X41.1 Y-32. I0. J9.1
N22 G1 Y-8.
N24 G3 X37. Y-3.9 I-4.1 J0.
N26 G2 Y3.9 I0. J3.9
N28 G3 X41.1 Y8. I0. J4.1
N30 G1 Y32.
N32 G3 X32. Y41.1 I-9.1 J0.
N34 G1 X-32.
N36 G3 X-41.1 Y32. I0. J-9.1
N38 G1 Y8.
N40 G3 X-37. Y3.9 I4.1 J0.
N42 G2 Y-3.9 I0. J-3.9
N44 G3 X-41.1 Y-8. I0. J-4.1
N46 G1 Y-32.
N48 G3 X-32. Y-41.1 I9.1 J0.
N50 G1 Z10.
N52 G0 Z40.
N54 M05
```

图 4-77　加工程序

【考核评价】

过程考核卡

项目及技术要求		配分	评分标准	检测结果	实得分
外形尺寸	$74^{+0.046}_{0}$ mm	5	超差全扣		
	$74^{+0.046}_{0}$ mm	5	超差全扣		
	$16^{0}_{-0.042}$ mm	3	超差全扣		
	$R5$mm	2	超差全扣		
	$Ra1.6\mu m$	4	超差全扣		
槽尺寸	$60^{+0.046}_{0}$ mm	5	超差全扣		
	$10^{+0.036}_{0}$ mm	8	超差全扣		
	$10^{+0.036}_{0}$ mm	6	超差全扣		

（续）

项目及技术要求		配分	评分标准	检测结果	实得分
槽尺寸	$64^{+0.03}_{0}$ mm	6	超差全扣		
	$20^{+0.033}_{0}$ mm	8	超差全扣		
	$8^{+0.036}_{0}$ mm	6	超差全扣		
几何公差	平行度 0.04mm	7	超差全扣		
	对称度 0.04mm	7	超差全扣		
	垂直度 0.04mm	7	超差全扣		
其他	3×ϕ11mm	3	超差全扣		
	*Ra*3.2μm	4	超差面扣分		
	棱边倒钝	4	有毛刺全扣		
	文明生产	10	违规操作全扣		

【课后测评】

根据图 4-78 完成下列任务：

1）读图进行工艺设计，完成刀具卡片和加工工艺卡片。

2）编写加工程序。

3）加工零件。

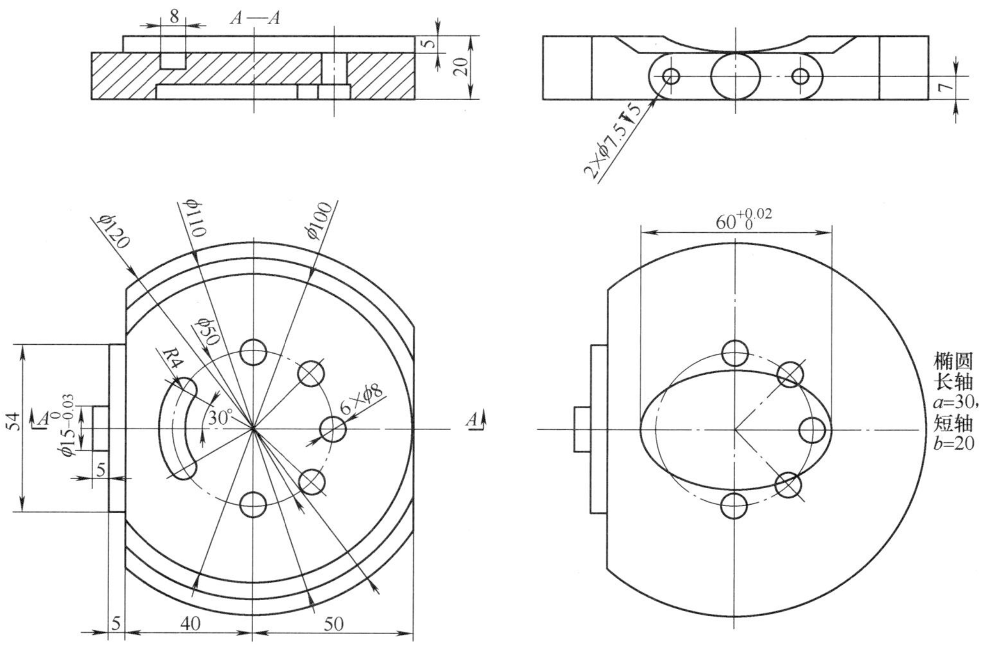

图 4-78　零件图

参 考 文 献

［1］洪惠良，金属切削原理与刀具［M］. 北京：中国劳动社会保障出版社，2006.
［2］杨琳 . 数控车床加工工艺与编程［M］. 2 版 . 北京：中国劳动社会保障出版社，2009.
［3］张霞，张瑞林 . 数控车床仿真实训［M］. 成都：西南交通大学出版社，2008.
［4］郭恒 . 数控车床操作实训教程［M］. 西安：西北工业大学出版社，2009.
［5］张晓东，王小玲 . 数控编程与加工技术［M］. 北京：机械工业出版社，2008.
［6］黄伟林 . 数控加工基础［M］. 2 版 . 北京：中国劳动社会保障出版社，2007.
［7］赵正文 . 数控铣床/加工中心加工工艺与编程［M］北京：中国劳动社会保障出版社，2006.
［8］韩鸿鸾 . 数控加工工艺学［M］. 3 版 . 北京：中国劳动社会保障出版社，2011.